FORSCHUNGSBERICHTE
DES WIRTSCHAFTS- UND VERKEHRSMINISTERIUMS
NORDRHEIN-WESTFALEN

Herausgegeben von Staatssekretär Prof. Dr. h. c. Dr. E. h. Leo Brandt

Nr. 674

Dipl.-Ing. Waldemar Rohs
Techn.-Wissenschaftl. Büro für die Bastfaserindustrie Bielefeld

Die Ausnutzung der Garnfestigkeit in Halbleinengeweben

Als Manuskript gedruckt

Springer Fachmedien Wiesbaden GmbH

ISBN 978-3-663-03408-7   ISBN 978-3-663-04597-7 (eBook)
DOI 10.1007/978-3-663-04597-7

Forschungsberichte des Wirtschafts- und Verkehrsministeriums Nordrhein-Westfalen

Gliederung

1.	Einleitung und Aufgabenstellung	S. 5
2.	Planung und Durchführung der Untersuchungen	S. 6
3.	Ergebnisse der Untersuchungen	S. 10
3.1	Einfluß der Dichte	S. 13
3.11	Halbleinengewebe	S. 13
3.111	Kettrichtung	S. 13
3.112	Schußrichtung	S. 15
3.12	Baumwollgewebe	S. 18
3.13	Zusammenfassung	S. 20
3.2	Einfluß der Garne	S. 21
3.21	Halbleinengewebe	S. 23
3.211	Kettrichtung	S. 24
3.212	Schußrichtung	S. 27
3.2121	Reduktion der Ergebnisse auf einheitliche Dichte und gleiche Garnfestigkeit	S. 27
3.2122	Naß- und Trockenfestigkeit	S. 32
3.2123	Einfluß des Bleichgrades	S. 34
3.2124	Einfluß der Garnnummer und Garnart	S. 35
3.2125	Einfluß der Kette	S. 37
3.22	Baumwollgewebe	S. 38
3.23	Zusammenfassung	S. 40
3.3	Einfluß der Bindung	S. 42
4.	Zusammenfassung	S. 44

Forschungsberichte des Wirtschafts- und Verkehrsministeriums Nordrhein-Westfalen

1. Einleitung und Aufgabenstellung

Frühere Arbeiten des TWB-Bastfaser befaßten sich mit der Ausnutzung der Garnfestigkeit in reinleinenen Geweben. Nachdem das Halbleinen neuerdings - insbesondere bei öffentlichen Bedarfsträgern - weitgespannte Verwendung findet, und zwar vielfach für Waren, deren Zerreißfestigkeit in den Lieferbedingungen vorgeschrieben ist, wurde der Wunsch laut, den Ausnutzungsgrad der Baumwollgarnfestigkeit in Kettrichtung und den der Leinengarnfestigkeit in Schußrichtung dieser Gewebeart zu untersuchen. Die dabei unter Berücksichtigung ihrer Abhängigkeit von den in Frage kommenden Garn- und Gewebefaktoren festgestellten Zahlen sollten der Praxis für die Festlegung der technischen Daten bei der Vorausberechnung der Waren dienen.

Als Standardgewebe für die Untersuchungen sollte eine grobe Bettlakenqualität dienen. Als veränderliche Faktoren wurden in Kettrichtung die Verwendung eines einfachen Garns bzw. eines Zwirns und die Fadendichte, in Schußrichtung ebenfalls die Fadendichte sowie Feinheit und Bleichgrad des Schußgarns vorgesehen. Zudem sollte im Schuß mit Flachswerg- und Flachsgarnen gearbeitet werden.

Da derzeit keine Möglichkeit besteht, Leinengarne außerhalb eines sehr engen Festigkeitssortiments zu beziehen, mußte leider von vornherein darauf verzichtet werden, unterschiedliche Garnfestigkeiten als variable Größen in Kette und Schuß zu untersuchen, obgleich feststeht, daß die Ausnutzung eines Garns im Gewebe von seiner absoluten Festigkeit abhängig ist. Zwangsläufig ergab sich daraus die Notwendigkeit, die Versuchsgewebe aus den jeweils verfügbaren Garnen anzufertigen und, um eine Vergleichsmöglichkeit zu schaffen, Umrechnungen vorzunehmen, zu denen Erfahrungen aus den bereits erwähnten früheren Untersuchungen mit nicht völlig gleichartigen Geweben herangezogen werden mußten.

Die Ausnutzung der Garnfestigkeit im Gewebe ist eine Funktion der erhaltenen Gewebefestigkeit unter Berücksichtigung der Fadendichte und der Festigkeit des zum Einsatz gekommenen Garns. Es war von Anfang an klar, daß, um eine gute statistische Sicherheit der für die Ausnutzung der Garnfestigkeit gefundenen Zahlen zu gewährleisten, sowohl in Bezug auf die Anzahl der Versuchswiederholungen zur Vermeidung von Zufälligkeiten als auch für den Umfang der Einzelprüfungen an den Garn- und

Gewebeproben ein außerordentlich hoher Aufwand notwendig war, dem aber die praktische Durchführbarkeit Grenzen setzen mußte.

Angesichts der vorstehend dargelegten Einschränkungen ergibt sich die Erkenntnis, daß die in diesem Bericht über die inzwischen durchgeführte Arbeit enthaltenen Feststellungen und Größenangaben zunächst nur als richtungsweisend zu gelten haben und keine absoluten Werte darstellen. Wenn die Arbeit trotz der gleich zu Beginn bestandenen Vorbehalte dennoch in Angriff genommen worden ist, so deshalb, um den unvermeidlichen ersten Schritt zur Erfassung der komplizierten Materie der Garnfestigkeitsausnutzung in einem nach Kette und Schuß inhomogenen Gewebe zu tun. Diese Klarstellung soll den praktischen Wert der Untersuchungsarbeit und ihrer in diesem Bericht niedergelegten Ergebnisse nicht mindern. Sie stellen einen wertvollen Bestand an Wissen auf dem behandelten Gebiet dar und geben bereits jetzt dem Praktiker Größenordnungen an, an die er sich bei der Projektierung seiner Halbleinenwaren unter Voraussetzung normaler Webstuhleinstellung halten kann.

2. Planung und Durchführung der Untersuchungen

A. Für die Untersuchungen wurde als Standardware ein Halbleinengewebe mit Baumwollkette und Flachswergschuß gewählt, welches seiner Einstellung nach für gröbere Bettlaken geeignet ist.

    Kette: Baumwollgarn Nm 17, roh, 19 Fd/cm
    Schuß: Flachswerggarn Nm 12, 1/4-gebl., 18 Fd/cm
    Bindung: Leinwand
    Ausrüstung: Auswaschen, leicht mangeln, ohne Appretur.

Die bei der Herstellung des Gewebes vorgenommenen Variationen bezogen sich unter Beibehaltung eines einheitlichen Kettgarns einmal auf die Wahl der hinsichtlich Material, Nummer und Bleichgrad unterschiedlichen Leinenschußgarne, zum anderen auf verschiedene Dichten in Kette und Schuß. Sie sind aus Tabelle 1 ersichtlich. Bei den Versuchen 1 - 27 fand im Schuß ein Flachswerggarn Nm 12 Verwendung, und zwar roh (Vers. 1 - 9), 1/4-gebl. (Vers. 10 - 18) und 1/2-gebl. (Vers. 19 - 27). In allen Fällen wurde angestrebt, die Fadenzahl in Kette und Schuß derart zu variieren, daß sich in der Kette und im Schuß Abstufungen der rel. Dichte[1] von 4,4 - 4,7 - 5,0 ergaben.

Dem eingangs erwähnten Gewebe entsprachen dabei am nächsten die Vorschriften des Vers. 15.

Für Vers. 28 wurde als Schußgarn Flachswerggarn Nm 18, 1/4-gebl. und bei Vers. 29 ein Flachsgarn Nm 18, 1/4-gebl. gewählt. Hier wurden die Dichten nicht variiert. In beiden Fällen war die rel. Dichte in der Kette mit 5,0 und im Schuß mit 4,7 vorgesehen.

Zusätzlich wurde in die Versuchsreihe auch ein Baumwollschußgarn Nm 20, roh, aufgenommen, um bei dieser Gelegenheit vergleichsweise auch die

Tabelle 1

Vers.	Kette		Schuß		
	Garn	rel. Dichte	Garn	Bleichgrad	rel. Dichte
1 - 3	Baumwollgarn Nm 17 roh	4,4	Flachswerggarn Nm 12	roh	4,4-4,7-5,0
4 - 6		4,7			"
7 - 9		5,0			"
10-12		4,4		1/4 weiß	4,4-4,7-5,0
13-15		4,7			"
16-18		5,0			"
19-21		4,4		1/2 weiß	4,4-4,7-5,0
22-24		4,7			"
25-27		5,0			"
28		5,0	Fl.W. Nm 18	1/4 weiß	4,7
29		5,0	Fl. Nm 18	1/4 weiß	4,7
30-32		4,4	BW. Nm 20	roh	4,4-4,7-5,0
33-35		4,7			"
36-38		5,0			"

---

1. rel. Dichte = $\dfrac{Fd/cm}{\sqrt{Nm}}$

Ausnutzung von Baumwollgarn in beiden Richtungen, also in einem reinen Baumwollgewebe zu ermitteln. Hierbei wurde die Fadendichte in Kett- und Schußrichtung wiederum wie oben angegeben variiert (Vers. 30 - 38)[2].

Für die Versuche stand ein mittelschwerer Leinenwebstuhl mit Innentritteinrichtung, Unterschlag und Festblatt bei einer Nennbreite von 110 cm zur Verfügung, dessen Kurbelwellendrehzahl ca. 128 je Minute betrug. Die Warenbreite war je nach Versuch und Einstellung 80 - 85 cm.

Die Ausrüstung wurde auf einer Breitwaschmaschine vorgenommen. Die Ware wurde dabei in 6 Durchgängen mit einem Fettalkoholsulfonat behandelt, anschließend folgte ein leichtes Mangeln ohne Appretur.

Für die Auswertung der Versuche wurden die Festigkeitseigenschaften der Garne unter Beachtung der einschlägigen DIN-Vorschriften geprüft.

Die Gewebeproben wurden ebenfalls nach DIN-Vorschrift im trocknen Zustand untersucht, wobei in Kettrichtung jeweils 10, in Schußrichtung 20 Streifen gerissen wurden.

Zur weiteren Beurteilung wurde die Festigkeit verschiedener Gewebe auch im nassen Zustand[3] festgestellt.

Die Auszählung der Fäden in den Streifen ergab die tatsächliche Fadendichte in Kett- und Schußrichtung.

Die Berechnung der Garnfestigkeitsausnutzung im Gewebe erfolgte nach der Formel:

$$\text{Ausnutzung (\%)} = \frac{\text{Gewebebruchlast (kg)} \times 1000}{\text{Fd/5 cm} \times \text{Garnbruchlast (g)}} \times 100$$

Zu beachten ist dabei, daß es sich bei den derart ermittelten Ausnutzungszahlen um fiktive Werte handelt, da den Normvorschriften entsprechend die Garnreißungen bei 500 mm, die Gewebereißungen bei 300 mm Einspannlänge durchgeführt wurden. Eine einheitliche Einspannlänge hätte der Praxis widersprochen. Da eine kürzere Einspannlänge eine Steigerung der Garnbruchlast und umgekehrt eine Vergrößerung der eingespannten Streifenlänge eine Abnahme der angezeigten Gewebefestigkeit herbeigerufen hätte,

---

2. Die Kettfadendichte ergab sich im ausgewaschenen BW-Gewebe um etwa 3 Zehnteldezimalen erhöht
3. 15 min Einlegezeit in Wasser unter Zugabe von 1 g/l Nekal BX

liegen die tatsächlichen Ausnutzungsprozentsätze niedriger als die von uns errechneten und nachstehend genannten Zahlen.

Es sei noch festgestellt, daß sich diese Werte der Ausnutzung stets auf die Trockenfestigkeit der Garne beziehen, auch dann, wenn es sich um die Ausnutzung im nassen Gewebe handelt.

Je nachdem, ob in den Nenner die Festigkeit des Rohgarns oder die im gebleichten Garn (Webgarn) verbliebene Festigkeit eingesetzt wird, ergeben sich unterschiedliche Werte für die "Rohgarnausnutzung" und "Webgarnausnutzung". Bei Rohschuß fallen die Zahlen natürlich zusammen. Da die Festigkeiten der gebleichten Garne gegenüber Rohgarnfestigkeit herabgesetzt sind, liegt die Webgarnausnutzung wertmäßig höher als die Rohgarnausnutzung.

B. In einer zweiten Serie von Untersuchungen diente als Standardware ein Gewebe für Unterkunftsbettlaken nach den "Vorläufigen Technischen Lieferbedingungen" (VTL 7210-005) des Bundesverteidigungsministeriums. Diese Vorschrift lautet:

Kette: Baumwollzwirn Nm 34/2, roh, 19 Fd/cm
Schuß: Flachswerggarn Nm 12, 1/4-gebl., 18 Fd/cm
Bindung: Leinwand
Ausrüstung: Auswaschen, leicht mangeln, ohne Appretur

Bei diesen Versuchen wurde die Kette - auch der Dichte nach (rel. Dichte 4,6) - durchweg unverändert gelassen und die Variation hinsichtlich Garnart, Garnnummer, Bleichgrad und Dichte lediglich im Schuß vorgenommen. Als Schußmaterial fand wiederum ein Flachswerggarn Nm 12, roh, 1/4 weiß und 1/2 weiß Verwendung (Vers. 39 - 41); ferner ebenfalls in den drei Bleichgraden ein Flachswerggarn Nm 18 (Vers. 44 - 46) und ein Flachsgarn Nm 18 (Vers. 47 - 49).

In allen diesen Fällen wurde der Schuß so eingestellt, daß sich eine rel. Dichte von rd. 4,8 ergab.

Bei dem Gewebe mit Flachswerggarn Nm 12, 1/4 weiß als Schuß wurde die Schußgarndichte derart variiert, daß sich die rel. Dichten von 4,35 und 4,8 ergaben (Vers. 42 - 43 u. 40).

Tabelle 2 kennzeichnet die vorgenommenen Variationen. Dem zu Beginn des Abschnitts angegebenen Standardgewebe entspricht der Versuch 40.

Tabelle 2

Vers.	Kette		Schuß		
	Garn	rel. Dichte	Garn	Bleichgrad	rel. Dichte
39-41	Baumwollzwirn Nm 34/2, roh	4,6	Fl.W. Nm 12	roh, 1/4 w. u. 1/2 w.	4,8
42-43	"	"		1/4 weiß	4,35 u. 4,55
44-46	"	"	Fl.W. Nm 18	roh, 1/4 w. u. 1/2 w.	4,8
47-49	"	"	Fl. Nm 18	roh, 1/4 w. u. 1/2 w.	4,8

Das Einschießen der Versuchsgarne wurde wiederum auf einem mittelschweren Unterschlagwebstuhl, Blattbreite 180 cm, Tourenzahl 125/min, vorgenommen, der für die laufende Fabrikation der erwähnten Militärware Verwendung fand.

Die Ausrüstung wurde wie unter A vorgenommen.

Auch die Auswertung der Versuchsergebnisse geschah wie unter A beschrieben, jedoch wurden alle Gewebe auf ihre Festigkeit sowohl im trocknen als auch im nassen Zustand geprüft.

C. Die unter A und B beschriebenen Versuche und Untersuchungen bezogen sich auf Gewebe mit Leinwandbindung. Zusätzlich wurden auch Gewebe als 3/1-Köper aus Baumwollgarn Nm 17 in der Kette und Flachswerggarn Nm 12, 1/4-gebl. im Schuß hergestellt, die bei einer konstanten Kettdichte (r.D. 5,3) und wechselnder Schußdichte (r.D. 4,8 - 5,2 - 5,4[4]) hergestellt wurden (Vers. 50 - 52). Die Ergebnisse dieser Versuche allerdings unter Berücksichtigung einer höheren Dichte, wie sie gegenüber der Leinwandbindung üblich ist, sind vergleichbar mit jenen der Vers. 16 - 18. Sie wurden mit den gleichen Kett- und Schußgarnen durchgeführt.

3. Versuchsergebnisse

Die Tabellen 3 und 4 fassen alle erhaltenen Garn- und Gewebedaten sowie die errechneten Ausnutzungsgrade der Garnfestigkeit im Gewebe gemäß

---
4. tatsächlich erreichte Zahlen

Tabelle 3

Schußgarn	rel. Sollkettd.	rel. Sollschußd.	Vers. Nr.	Fadenzahl je 5 cm K	S	rel. Gewebedichte K	S	Trocken: Gewebebruchl. Kg K	S	Trocken: Ausnutzung % Rohgarn K	S	Trocken: Webg. S	Nass: Gewebebruchl. Kg K	S	Nass: Ausnutzung % Rohgarn K	S	Nass: Webg. S	Garndaten
Flachswerg Nm 12, roh	4,4	4,4	1	90,6	76,0	4,45	4,29	68,6	100,5	99,0	95,9							P=1380 g
	4,4	4,7	2	90,0	82,2	4,42	4,64	63,5	118,2	92,2	104,0							
	4,4	5,0	3	93,6	86,6	4,60	4,88	73,5	128,1	102,6	107,4							
	4,7	4,4	4	96,6	77,4	4,74	4,36	72,6	106,7	98,2	100,0							
	4,7	4,7	5	98,4	82,6	4,83	4,65	72,4	99,9	96,2	87,6		91,7	125,4	121,8	110,0		
	4,7	5,0	6	98,4	86,8	4,83	4,89	74,6	126,0	99,1	105,2							
	5,0	4,4	7	100,2	78,0	4,92	4,39	80,6	105,5	105,0	98,0							Nm 12,6
	5,0	4,7	8	104,2	81,4	5,11	4,59	81,7	112,7	102,3	100,1							
	5,0	5,0	9	103,2	86,4	5,06	4,88	78,5	131,3	99,4	110,0							
Flachswerg Nm 12, 1/4 w	4,4	4,4	10	92,4	82,6	4,54	4,53	73,2	109,7	103,5	96,1	114,0						P=1163 g
	4,4	4,7	11	91,6	87,5	4,50	4,80	72,4	118,7	103,2	98,1	116,3						
	4,4	5,0	12	90,6	91,6	4,45	5,04	71,5	133,7	103,0	105,7	125,1						
	4,7	4,4	13	96,6	80,6	4,74	4,44	75,6	99,2	102,1	89,0	105,5						
	4,7	4,7	14	97,8	87,6	4,80	4,84	75,5	115,5	101,0	95,5	113,1	92,7	158,3	123,8	131,0	155,0	
	4,7	5,0	15	97,0	91,6	4,76	5,04	72,9	132,4	98,2	104,7	124,0						
	5,0	4,4	16	101,6	79,8	4,98	4,38	76,8	97,5	99,0	88,5	105,0						Nm 13,3
	5,0	4,7	17	102,4	85,0	5,03	4,66	76,9	107,7	98,0	91,6	108,5						
	5,0	5,0	18	103,8	89,4	5,08	4,91	77,0	122,7	97,0	99,4	118,0						
Flachswerg Nm 12, 1/2 w (Flachswerg Nm 18, 1/4 w)	4,4	4,4	19	91,2	82,4	4,47	4,54	70,3	99,9	100,9	87,9	103,5						P=1170 g / P=9589 / P=816 g
	4,4	4,7	20	91,6	87,4	4,50	4,82	70,2	115,3	100,2	95,8	112,9						
	4,4	5,0	21	90,6	90,8	4,45	5,00	68,8	134,5	99,2	107,8	126,8						
	4,7	4,4	22	98,2	80,2	4,82	4,42	76,1	98,9	101,2	89,4	105,5						
	4,7	4,7	23	98,0	87,4	4,80	4,82	74,4	117,5	99,2	97,5	114,9	94,7	150,4	126,2	124,8	147,2	
	4,7	5,0	24	98,4	92,2	4,84	5,08	73,9	134,3	98,2	105,6	124,5						
	5,0	4,4	25	103,6	79,2	5,09	4,36	77,0	101,9	97,1	93,2	110,0						Nm 13,2 roh: Nm 18,35 / 1/4 w: Nm 19,75
	5,0	4,7	26	104,0	86,0	5,10	4,74	77,8	116,7	97,8	98,2	115,9						
	5,0	5,0	27	102,2	91,0	5,02	5,01	76,9	124,1	98,3	98,9	116,8						
	5,0	4,7	28	100,8	106,8	4,96	4,79	78,8	98,4	102,0	96,2	113,0						
	5,0	4,7	29	98,8	106,4	4,85	4,76	78,0	137,8	103,1	96,2	124,0		179,8		125,3	161,8	
Baumwolle Nm 20, roh (Flachs Nm 18, 1/4 w)	4,4	4,4	30	94,6	100,8	4,64	4,34	77,2	79,2	106,8	127,6		92,8	93,0	128,1	149,9		P=616 g / P=1344 g / P=1042 g
	4,4	4,7	31	96,0	110,8	4,72	4,75	76,8	87,1	104,7	127,9							
	4,4	5,0	32	95,0	114,6	4,66	4,92	76,0	92,9	104,8	131,5							
	4,7	4,4	33	102,4	103,0	5,02	4,41	88,0	82,0	112,2	129,1							
	4,7	4,7	34	102,2	111,8	5,01	4,80	86,5	92,8	110,5	134,6		103,2	103,2	132,0	150,0		roh: Nm 18,55 / Nm 20,0
	4,7	5,0	35	101,6	114,4	4,97	4,91	84,6	93,8	108,9	133,0							
	5,0	4,4	36	107,2	100,6	5,27	4,31	89,6	82,5	109,2	133,1							Nm 21,7
	5,0	4,7	37	107,8	111,2	5,29	4,77	88,4	96,3	107,3	140,5							
	5,0	5,0	38	108,9	115,4	5,35	4,96	93,4	98,9	112,2	139,0		112,4	112,3	135,0	158,0		

Kettgarn: Baumwolle Nm 17, roh — Nm 16,6 — P = 765 g

Tabelle 4

Schußgarn	Bleichgrad	rel.Sollkettfd.	rel.Sollschußfd.		Fadenzahl je 5cm		rel.Gewebedichte		Trockenprüfung							Nassprüfung							effektive Garnnummer			Bruchlast g		
									Gewebebruchl.Kg		Ausnutzung % Rohgarn | Webg.					Gewebebruchl.Kg		Ausnutzung % Rohgarn | Webg.					roh	1/4w	1/2w	roh	1/4w	1/2w
					K	S	K	S		K	S	K	S	K	S	K	S	K	S	K	S							
Flachs-werggarn Nm 12	roh			39	93.5	84.5	4.53	4.80	73.1	101.8	98.9	103.5		139.4	83.7	137.2	113.4			165.2			18.4	19.6	19.7	1223	980	961
	1/4w	4.6	4.8	40	95.5	88.5	4.63	4.83	71.8	100.4	95.2	97.6	119.4		85.6	139.7	113.6	125.0	135.6	165.0			17.7	18.6	19.4	1076	836	873
	1/2w		4.35	41	93.5	85.5	4.53	4.68	69.8	92.2	94.6	92.6	115.0	133.0	83.2	132.3	112.8	118.0	133.0	145.2			12.4	13.4	13.3	1163	952	938
Flachs-werggarn Nm 18	roh		4.55	42	94.5	80.0	4.58	4.37	72.0	75.9	96.5	81.5	99.6		84.4	110.7	113.0		118.7									
	1/4w	4.6	4.8	43	95.0	83.0	4.60	4.54	72.3	90.1	96.4	93.2	114.1		84.0		112.0											
	1/2w			44	94.0	99.0	4.55	4.71	71.8	101.4	96.6	95.3		120.5	85.8	128.4	115.6											
Flachs-garn Nm 18	roh			45	94.0	102.0	4.55	4.75	74.5	104.7	100.3	95.4	122.8	161.0	85.9	137.1	115.8		125.0									
	1/4w	4.6	4.8	46	95.0	103.5	4.60	4.70	72.1	103.7	96.2	93.0	114.9	145.7	81.9	131.5	109.1		118.0									
	1/2w			47	96.5	103.0	4.67	4.80	75.8	127.2	99.5	101.0			89.9	154.9	118.0		122.9									
		4.6	4.8	48	95.0	106.5	4.60	4.81	75.6	124.5	100.8	95.6	119.3	151.3	88.9	158.0	118.5	121.1										
				49	97.5	106.5	4.72	4.80	76.2	122.3	99.0	94.0	117.0	148.2	88.1	154.8	114.5	118.6										

Kettgarn Baumwollzwirn Nm 34/2 roh Nm 34.1/2   P = 790 g

Tabelle 5

Schußgarn	Bleichgrad	rel.Sollkettfd.	rel.Sollschußfd.		Fadenzahl je 5cm		rel.Gewebedichte		Trockenprüfung							Nassprüfung						effektive Garnnummer		Bruchlast g
									Gewebebruchl.Kg		Ausnutzung % Rohgarn | Webg.					Gewebebruchl.Kg		Ausnutzung % Rohgarn | Webg.				roh	1/4w	roh
					K	S	K	S	K	S	K	S	K	S	K	S	K	S	K	S				
Flachs-werggarn Nm 12	1/4w	5.3	4.8	50	108.0	87.2	5.30	4.78	87.4	85.3	105.7	70.9		84.0									12.6	13.3	1380 1163
			5.1	51	107.5	94.2	5.28	5.17	86.9	90.4	105.5	69.5	82.5		104.5	124.0	127.0		95.4	113.1					
			5.4	52	108.6	98.0	5.33	5.37	86.7	99.2	104.4	73.4	87.0												

Kettgarn Baumwollgarn Nm 17 roh Nm 16.6   P = 765 g

den Aufstellungen in Tabelle 1 (Planung A) und 2 (Planung B) zusammen. Es handelt sich dabei durchweg um leinwandbindige Gewebe. Tabelle 5 enthält die gleichen Zahlen für Gewebe mit Köperbindung (Planung C).

Planung A sah eine große Zahl Variationen der Fadendichte in Kette und Schuß vor. Es wird die weiteren Betrachtungen übersichtlicher machen, wenn zunächst der Einfluß der Fadendichte analysiert wird, um dann bei Betrachtung des Einflusses unterschiedlicher Garne die bei den verschiedenen Dichten erhaltenen Werte gemittelt vergleichen zu können.

3.1 Einfluß der Dichte
3.11 Halbleinengewebe
3.111 Kettrichtung

Abbildung 1 enthält graphisch aufgetragen über der relativen Dichte die bei den Versuchen 1 - 27, 40, 42 und 43 erhaltenen Werte der Ausnutzungsgrade in Kettrichtung (Baumwollgarn Nm 17, roh bzw. Baumwollzwirn Nm 34/2, roh). In Schußrichtung kam bekanntlich Flachswerggarn Nm 12, roh, 1/4-weiß und 1/2-weiß zum Einsatz.

Über die absoluten Festigkeiten von Garnen und Geweben sei hier nicht gesprochen. Es interessiert hier auch noch nicht die absolute Höhe des Ausnutzungsgrades. Es geht zunächst lediglich um den Einfluß der Dichte auf die Garnfestigkeitsausnutzung, demnach um die Tendenz der Linien in der Abbildung 1. Zunächst ist in der oberen Reihe die Abhängigkeit der Kettgarnausnutzung von der rel. Dichte der Kette eingezeichnet. Die einzelnen dünn ausgezogenen Linien entsprechen den Versuchen mit verschiedenen Schußdichten. Bei Betrachtung der Tendenz, die bei den verschiedenen Schußgarnen und verschiedenen Schußdichten für den Verlauf der Abhängigkeit zwischen Ausnutzung der Kettgarne und der Kettgarndichte in Erscheinung tritt, muß mit Enttäuschung festgestellt werden, daß sie völlig uneinheitlich ist.

Die zusammenfassende - dick ausgezogene - "Mittellinie" hat bei den Geweben mit Rohgarn als Schuß mit zunehmender Dichte eine leichte Neigung nach oben, bei 1/4-weißem Schußgarn eher nach unten, beim 1/2-weißen Schußgarn nimmt sie eine nahezu waagerechte Lage ein. Im übrigen sind die Abweichungen auch bei den beiden erstgenannten Schußgarnen nur gering.

Das immerhin überraschende Untersuchungsergebnis also lautet: Bei dem Baumwollkettgarn des Halbleinens ergab die Steigerung der Kettfaden-

Forschungsberichte des Wirtschafts- und Verkehrsministeriums Nordrhein-Westfalen

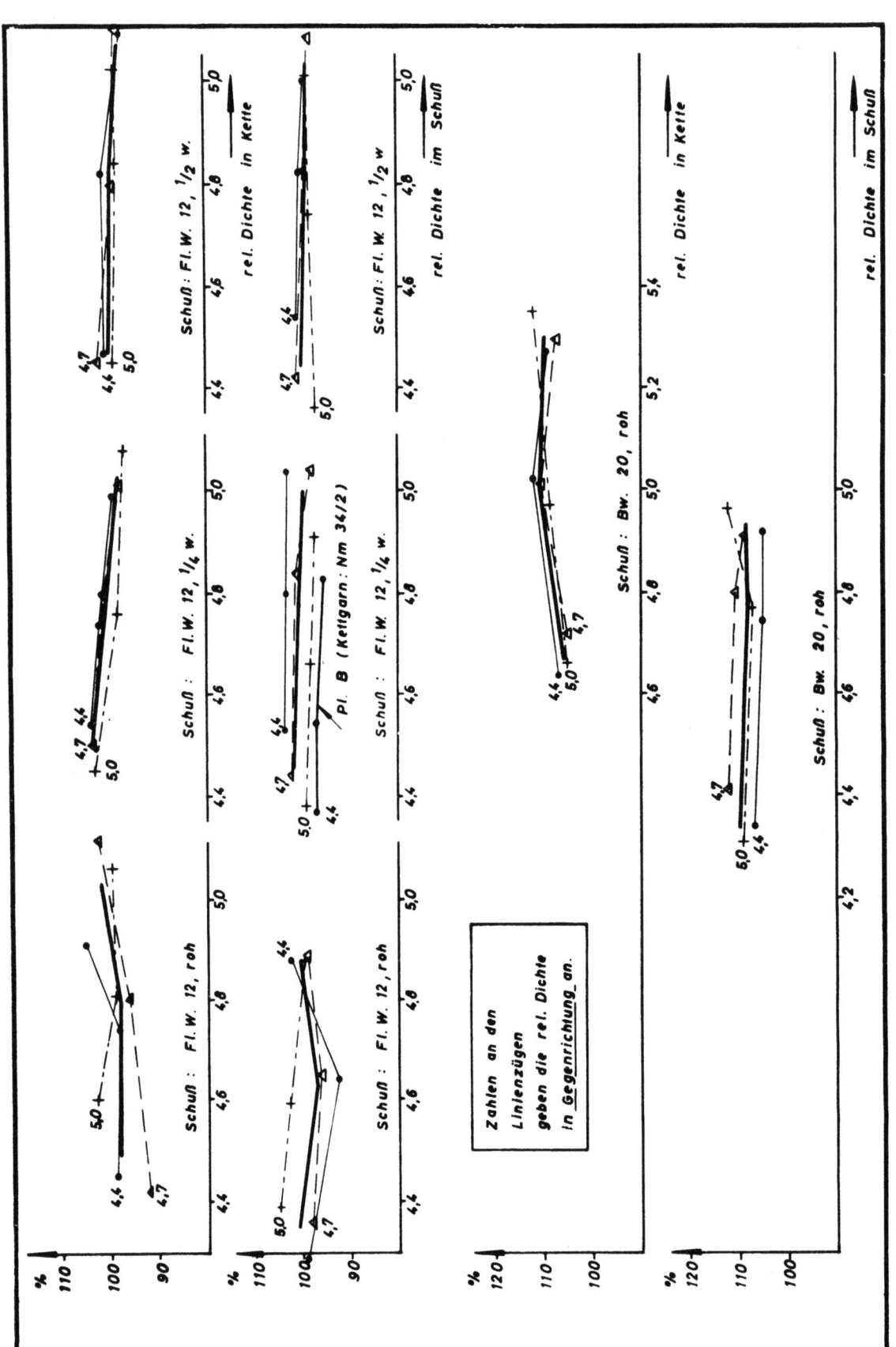

Abbildung 1

Ausnutzung der Kettgarnfestigkeit - Kettgarn: Bw. 17, roh

dichte in den Grenzen der rel. Dichte von rd. 4,4 - 5,0 keine einheitliche Veränderung der Kettfadenausnutzung[5].

Die von oben zweite Bildreihe in Abbildung 1 gibt den Verlauf der Kettgarnausnutzung mit zunehmender Schußfadendichte wieder. Weder aus den für die einzelnen Kettfadendichten geltenden dünnen Linien noch aus den dick gezeichneten "Mittellinien" ergibt sich eine Abhängigkeit der Kettgarnausnutzung von der Dichte in der Gegenrichtung. Die mittleren Schaulinien verlaufen waagerecht. Dasselbe Ergebnis hatten auch die Untersuchungen aus Planung B, die mit einem Baumwollzwirn in der Kette vorgenommen worden waren: Keine Abhängigkeit der Kettfadenausnutzung von der Schußfadendichte innerhalb der betrachteten Variation der rel. Schußfadendichte von ca. 4,4 - 5,0.

3.112 Schußrichtung

Abbildung 2 enthält die graphische Darstellung der Ausnutzungsgrade für die Schußgarne in Abhängigkeit von der Fadendichte in Schuß und Kette.

Die erste Diagrammreihe zeigt die Ausnutzungen der Flachswerggarne Nm 12, roh, 1/4 weiß und 1/2 weiß, je nach der rel. Dichte in Schußrichtung. Die einzelnen dünnen Linien gehören zu den verschiedenen rel. Dichten in Kettrichtung.

Zunächst kann festgestellt werden, daß diese den unterschiedlichen Kettfadendichten zugehörigen Linien teils zusammenfallen, teils voneinander ohne Tendenz abweichen. Betrachtet man die dick ausgezogenen "Mittellinien" für die einzelnen Versuchsreihen, so ergibt sich eine schöne Übereinstimmung für eine klare Abhängigkeit: Die Zunahme der Fadendichte in der Schußrichtung führt zu einer eindeutigen Erhöhung des Ausnutzungsgrades für die Leinengarne im Schuß.

Innerhalb der betrachteten Variation der rel. Dichte zwischen 4,4 und 5,0 kann bei einer Zunahme der rel. Dichte um eine Zehnteldizimale[6] eine Erhöhung des Ausnutzungsgrades um 2 Prozentpunkte im Mittel

---

5. Man beachte, daß von dem Ausnutzungsgrad die Rede ist. Selbstverständlich nimmt die Gewebefestigkeit als solche mit der zunehmenden Fadenzahl zu, jedoch nicht mehr als proportional
6. z.B. von 4,4 auf 4,5 oder 4,5 auf 4,6 etc.

Forschungsberichte des Wirtschafts- und Verkehrsministeriums Nordrhein-Westfalen

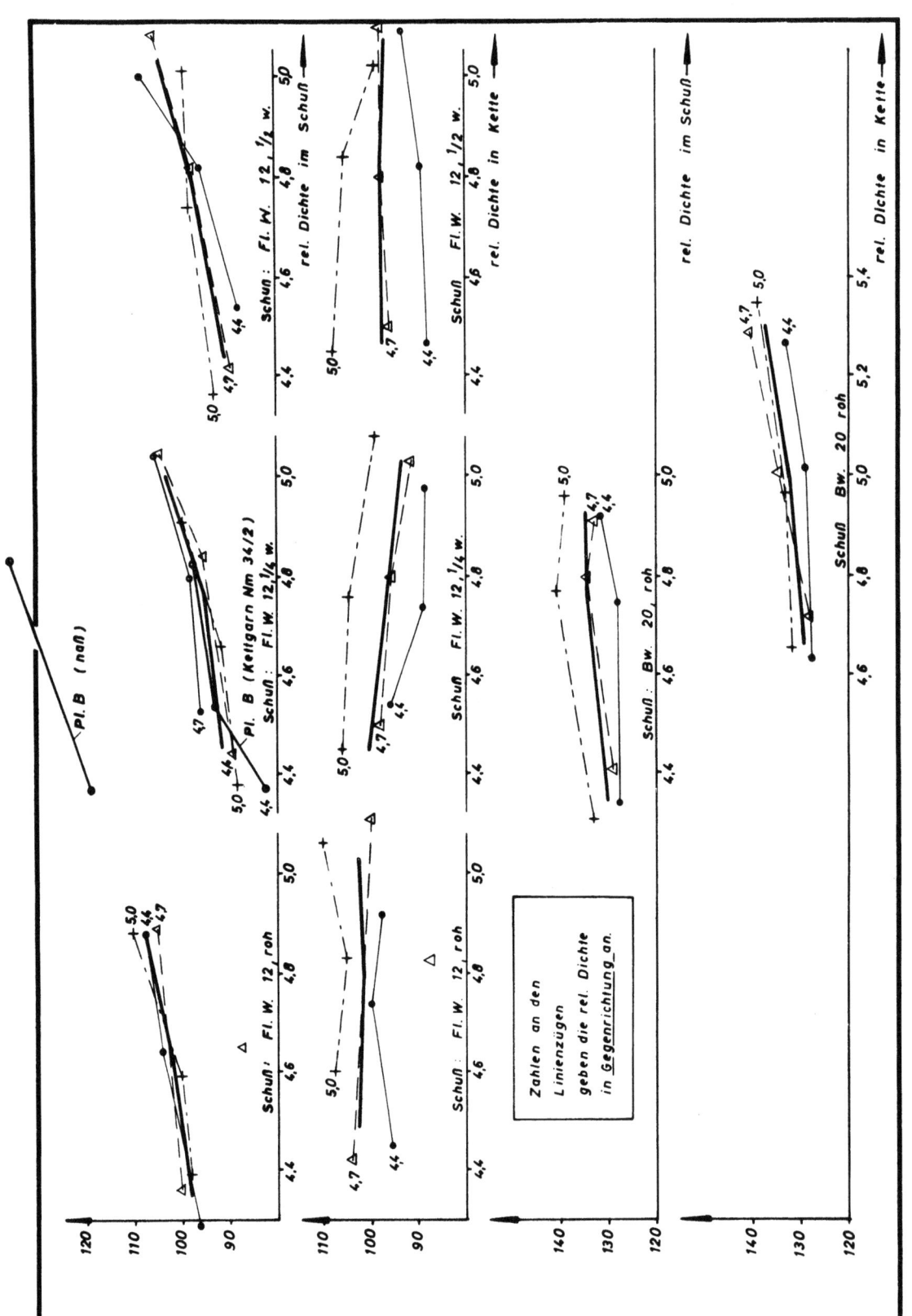

Abbildung 2

Ausnutzung der Schußgarnfestigkeit - Kettgarn: Bw. 17, roh

angenommen werden[7]. Zusammengefaßt mit der Erhöhung der Gewebefestigkeit, die bereits durch die bei höherer Dichte größere Fadenzahl eintritt, ist dies eine beachtliche Feststellung, in der auch die Ergebnisse für das 1/4 weiße Schußgarn bei dem Versuch laut Pl. B enthalten sind, bei dem als Kette ein Baumwollzwirn eingesetzt war[8].

Auch das Ergebnis der Naßprüfung, die uns aus dem Versuch nach Pl. B zur Verfügung steht, gibt eine Bestätigung einer beachtlichen Zunahme der Ausnutzung mit ansteigender rel. Dichte in Schußrichtung. Sie ergab sich hier (bei einem 1/4 weißen Garn) mit über 3,5 Prozentpunkten je Zehnteldezimale. Dieses Ergebnis geht über die bei der Trockenfestigkeit gemachten Feststellungen auch dann hinaus, wenn die erhöhte Naßfestigkeit von - wie später zu zeigen sein wird - rd. 140 % bezogen auf Trockenfestigkeit berücksichtigt wird. Dies würde die als Mittel aus einer großen Zahl von Versuchen gefundene Zuwachsrate von 2 Prozentpunkten je Zehnteldezimale bei der Trockenprüfung auf 2,8 Prozentpunkte bei der Naßprüfung anwachsen lassen. Es erscheint uns sicherer mit diesem - da wir mit Größenordnungen rechnen, auf 3 Prozentpunkte abgerundetem - Wert für nasse Gewebe zu rechnen, als das Ergebnis eines einzelnen Versuchs gelten zu lassen.

Welche Auswirkung die Veränderung der Schußfadenausnutzung bei Zunahme der rel. Schußdichte für die Erhöhung der Gewebefestigkeit in Schußrichtung eines Halbleinens hat, ergibt sich aus folgendem Beispiel für Nm 12, 1/4 weiß im Schuß, das mit den in Tabelle 3 für Nummer und Festigkeit enthaltenen Werten bei 17 Fd/cm eine Rohgarnfestigkeitsausnutzung von angenommen 95 % haben soll. Eine Erhöhung der Fadendichte auf 18 bzw. 19 Fd/cm läßt dann Ausnutzung und Gewebefestigkeit wie folgt ansteigen:

```
17 Fd/cm; rel. D. 4,68; Ausnutzung:  95   % = 111,5 kg trocken
18   "  ;  "   "  4,95;     "       100,5 % = 125,0 kg trocken
19   "  ;  "   "  5,22;     "       106   % = 139,0 kg trocken
```

---

7. Der Zuwachs ist bei den gebleichten Garnen etwas höher und wird vom rohen Garn nicht ganz erreicht. Diese geringen Unterschiede können jedoch unberücksichtigt bleiben
8. Hier war die Abhängigkeit eher noch krasser, doch lag der Anfangspunkt der Abhängigkeitslinie (s. Abb. 2) unwahrscheinlich niedrig, so daß es zweckmäßig erscheint, ihn außer acht zu lassen

Es steht also bei dem genannten Zuwachs der Ausnutzung von 2 Prozentpunkten bei Erhöhung der rel. Dichte um eine Zehnteldezimale einem Mehraufwand von 6 bzw. 12 % Garn eine Festigkeitszunahme von 12,5 % bzw. 25 % gegenüber.

Alle in diesem Kapitel gemachten Feststellungen beziehen sich auf die Rohgarnausnutzung. Für die graphische Auswertung wurden die in den Tabellen 3 und 4 unter der Rubrik "Ausnutzung Rohgarn" enthaltenen Zahlen benutzt. Der Zuwachs der Webgarnausnutzung erhöht sich - in Prozentpunkten gemessen - entsprechend dem Festigkeitsverlust der Garne beim Bleichen. Beträgt er z.B. 20 %, so wird aus 2 Prozentpunkten Zuwachs der Rohgarnfestigkeit 2 : 0,8 = 2,5 Prozentpunkte Zuwachs der Webgarnfestigkeit.

Die von oben 2. Reihe der Abbildung 2 gibt den Einfluß der Kettfadendichte auf die Ausnutzung der rohen und gebleichten Leinenschußgarne wieder. Hier ist ebenfalls deutlich der Abstand der für die einzelnen Schußgarndichten geltenden Ausnutzungslinien erkennbar, der die vorstehend gezeichnete Abhängigkeit widerspiegelt. Was jedoch die Schußgarnausnutzung unter dem Einfluß der in der Abszisse eingetragenen rel. Dichte der Kette zwischen 4,5 - 5,0 anbetrifft, so ist festzustellen, daß hierfür eine einheitliche Tendenz nicht vorhanden ist. Eine eindeutige Abhängigkeit von der Fadendichte in Gegenrichtung ist demnach für die Leinenschußgarne im Halbleinen nicht nachweisbar. Ist bei dem 1/4 weißen Garn im allgemeinen eine abnehmende Tendenz mit steigender Kettfadendichte zu erkennen, so wird dieses Ergebnis durch die Versuche mit den Garnen roh und 1/2 weiß nicht bestätigt. Der Verlauf der "Mittellinie" ist hier praktisch horizontal.

3.12 Baumwollgewebe

Liegen für das Halbleinengewebe, wie aus den vorstehenden Zusammenstellungen und Erläuterungen hervorgeht, mehrere Reihenuntersuchungen, deren Ergebnisse zur Auswertung herangezogen werden konnten, vor, die im übrigen auch den Erkenntnissen aus unseren früheren Untersuchungen an Schußgarnen in Reinleinengeweben prinzipiell entsprechen, können die Zahlen aus der jetzt durchgeführten einzelnen Versuchsreihe mit Baumwollgeweben verschiedener Dichte in Kette und Schuß zunächst nur registriert werden.

Was die Kettrichtung anbetrifft - siehe die beiden unteren Reihen in Abbildung 1 -, ist festzustellen, daß eine Abhängigkeit der Garnfestigkeitsausnutzung von einer veränderlichen rel. Dichte der Kettfäden, wenn überhaupt, so nur in einem wenig ins Gewicht fallenden Ausmaß zutage tritt. Die "Mittellinie" zeigt zwar eine ansteigende Tendenz, die jedoch im Bereich der rel. Dichte von 4,7 - 5,3 nur etwa 4 Prozentpunkte des Ausnutzungsgrades ausmacht, also praktisch wenig interessant ist.

Eine Abhängigkeit des Kettgarnausnutzungsgrades von der rel. Dichte in Gegenrichtung, also im Schuß, besteht - wie die untere Reihe der Linien in Abbildung 1 eindeutig zeigt - im Bereich von 4,3 - 4,9 nicht.

Die Ausnutzung der Schußgarnfestigkeit - s. die beiden unteren Reihen in Abbildung 2 - verläuft, wie nach den bisherigen Erkenntnissen zu erwarten war, mit zunehmender rel. Schußdichte ansteigend, doch erscheint diese Neigung weniger ausgeprägt als beim Leinenschuß im Halbleinengewebe. Im Bereich der rel. Dichte von 4,4 - 4,9 macht - vergl. "Mittellinie" - die Zunahme des Ausnutzungsgrades für das rohe Baumwollschußgarn je Zehnteldezimale der Dichte nicht mehr als 1 Prozentpunkt aus. Zudem ist der Verlauf der einzelnen Linien für die unterschiedlichen Dichten in Gegenrichtung nicht einheitlich, nur in einem Fall ist die Zunahme stetig.

Die Erhöhung der Kettgarndichte hat in bezug auf den Ausnutzungsgrad der Schußgarnfestigkeit einen positiven Einfluß. Er ist nicht sehr erheblich und überschreitet im Bereich der rel. Dichte von 4,4 - 5,3 im Mittel das bei der Abhängigkeit von der Schußgarndichte genannte Maß nicht, doch ist der Verlauf aller drei Linien - für die verschiedenen Dichten im Schuß - einheitlich in der Tendenz, wenn auch nicht im Ausmaß. Ob ein vorhandener Einfluß der Kettdichte auf die Ausnutzung des Baumwollschusses auf Grund der Auswertung eines Versuches als feststehend angesehen werden kann, sei dahingestellt. Es sei erinnert an die Diskussion dieses Einflusses bei Halbleinen (vgl. 2. Reihe von oben in Abb. 2). Dort waren die Ergebnisse der Versuche mit rohen und den beiden gebleichten Garnen widersprechend, und erst ihre Zusammenfassung ließ die Aussage zu, daß von einer über das zufällige Ausmaß hinausgehenden Abhängigkeit zwischen Schußgarnausnutzung und Kettfadendichte nichts ausgesagt werden kann.

3.13 Zusammenfassung

Die Untersuchungen von <u>Halbleinen und Zwirnhalbleinen</u> aus BW-Kette Nm 17 bzw. Nm 34/2, roh und Flachswerggarn-Schuß Nm 12, roh, 1/4 weiß und 1/2 weiß, wobei in beiden Richtungen je drei verschiedene Fadendichten im Bereich der rel. Dichte von 4,4 - 5,0 in die Betrachtung einbezogen wurden[9], hatten folgendes Ergebnis:

Die Ausnutzung der Festigkeit des <u>BW-Kettgarns</u> wurde von der rel. <u>Kettfadendichte</u> nicht einheitlich beeinflußt. Eine einseitige Abhängigkeit ergab sich nicht.

Die Ausnutzung der Festigkeit des <u>BW-Kettgarns</u> blieb von der rel. <u>Schußfadendichte</u> nicht beeinflußt.

Die Ausnutzung der Festigkeit des <u>Leinen-Schußgarns</u> ist von der rel. <u>Schußfadendichte</u> stark abhängig. Es ergab sich je Zehnteldezimale der rel. Dichte eine Steigerung des Ausnutzungsgrades um rd. 2 Prozentpunkte. Diese Angabe bezieht sich auf die Ausnutzung der Rohgarnfestigkeit im trockenen Gewebe. Für die Ausnutzung im nassen Gewebe und bei Bezug auf Webgarnfestigkeit sind Zunahme bzw. Verlust an Gewebe- bzw. Garnfestigkeit durch Naßbehandlung bzw. Bleiche zu berücksichtigen.

Die Ausnutzung der Festigkeit <u>des Leinen-Schußgarns</u> wurde von der rel. <u>Kettfadendichte</u> nicht einheitlich beeinflußt. Eine eindeutige Abhängigkeit ergab sich nicht.

Die Versuche mit gleicher ungezwirnter Kette aus BW-Garn Nm 17, roh und einem BW-Schußgarn Nm 20, roh - also einem <u>Baumwollgewebe</u> -, wiederum mit je drei Dichten in beiden Richtungen, brachten nachstehendes Resultat:

Die Ausnutzung der <u>Kettgarnfestigkeit</u> zeigte nur eine geringe Abhängigkeit von der rel. <u>Kettfadendichte</u> im positiven Sinne (untersuchter Bereich der rel. Dichte: 4,7 - 5,3). Eine Abhängigkeit von der <u>Schußfadendichte</u> (rel. Dichte: 4,3 - 4,9) war nicht festzustellen.

Die Ausnutzung der <u>Schußfadenfestigkeit</u> war sowohl von der <u>Schuß-</u> als auch von der <u>Kettfadendichte</u> beeinflußt. Keineswegs ist diese Tendenz so ausgeprägt und wirksam wie bei dem Leinenschuß. In beiden Fällen ergab sich im Mittel eine Zunahme der Ausnutzung trocken um rd. 1 Prozent-

---

9. Bei Zwirnhalbleinen (Pl. B) nur eine mittlere Kettfadendichte

punkt je Zehnteldezimale der rel. Dichte (untersuchter Bereich der rel. Dichte: Schuß: 4,4 - 4,9; Kette: 4,7 - 5,3).

Die Tendenz einer gegenseitigen wenn auch nur leichten Beeinflussung der Dichten in beiden Fadenrichtungen scheint bei dem homogenen BW-Gewebe mehr ausgeprägt zu sein als bei dem Halbleinen, bei dem lediglich der Ausnutzungsgrad des Schußgarns durch eine Erhöhung der Dichte in der gleichen Richtung, hier allerdings sehr vorteilhaft verändert werden kann.

3.2 Einfluß der Garne

In Abschnitt 3.1 wurde die gefundene Abhängigkeit der Festigkeitsausnutzung von der Fadendichte behandelt. Sie ist im positiven Sinn vorhanden, wenn auch durch die gegenseitige Auswirkung gleicher oder verschiedenartiger Kett- und Schußgarne gehemmt bzw. begünstigt. In dem hier interessierenden Halbleinen verhält sich die Baumwollkette indifferent. Ihre Dichte bleibt - wie zwei Versuchsreihen ergaben - ohne praktischen Einfluß sowohl auf die Ausnutzung der eigenen Festigkeit als auch auf die des Leinenschusses. Die Erhöhung der Kettdichte wirkt sich auf die Gewebefestigkeit in Kettrichtung also lediglich proportional aus. Anders beim Leinenschuß. Dessen Dichte fördert merklich die Ausnutzung der Schußgarnfestigkeit und somit die Gewebefestigkeit in Schußrichtung über das Maß der Dichtezunahme hinaus. Auf die Kettgarnausnutzung wirkt sich die Schußdichtenänderung nicht aus.

Wir werden also bei der Angabe von Schußgarnausnutzungswerten bei Halbleinengeweben jeweils die Schußdichte zu beachten bzw. die erhaltenen Werte auf eine einheitliche rel. Dichte zu beziehen haben.

Aber nicht allein die Abhängigkeit von der sich bei einzelnen Gewebearten unterschiedlich auswirkenden Dichte erschwert eine eindeutige Aussage über die Festigkeitsausnutzung. Es besteht bekanntlich noch eine andere wesentliche Beziehung des Ausnutzungsgrades, nämlich zu der Festigkeit des Garns als solcher.

Wäre die Festigkeit eines Gewebes lediglich und ausschließlich die Funktion der Festigkeit der in ihm enthaltenen Fäden, dann wäre der Ausnutzungsgrad für gleichartige Garne aller Festigkeiten konstant und höchstens 100 %. Die Gewebefestigkeit ist aber zusammengesetzt aus einem sich aus der Fadenfestigkeit ergebenden Anteil und einer aus der Fadenbindung resultierenden - für gleichartig aufgebaute Garne als von der Garnfestigkeit unabhängig anzusehenden - Komponente. Damit wird die Proportionalität zwischen Garn- und Gewebefestigkeit gestört. Die Darstellung der Garnausnutzung über der Garnfestigkeit erhält die Form einer Hyperbel, derart, daß niedrigeren Garnfestigkeiten höhere Garnausnutzungsgrade entsprechen. Die Ausnutzungsgrade können Werte über 100 % annehmen.

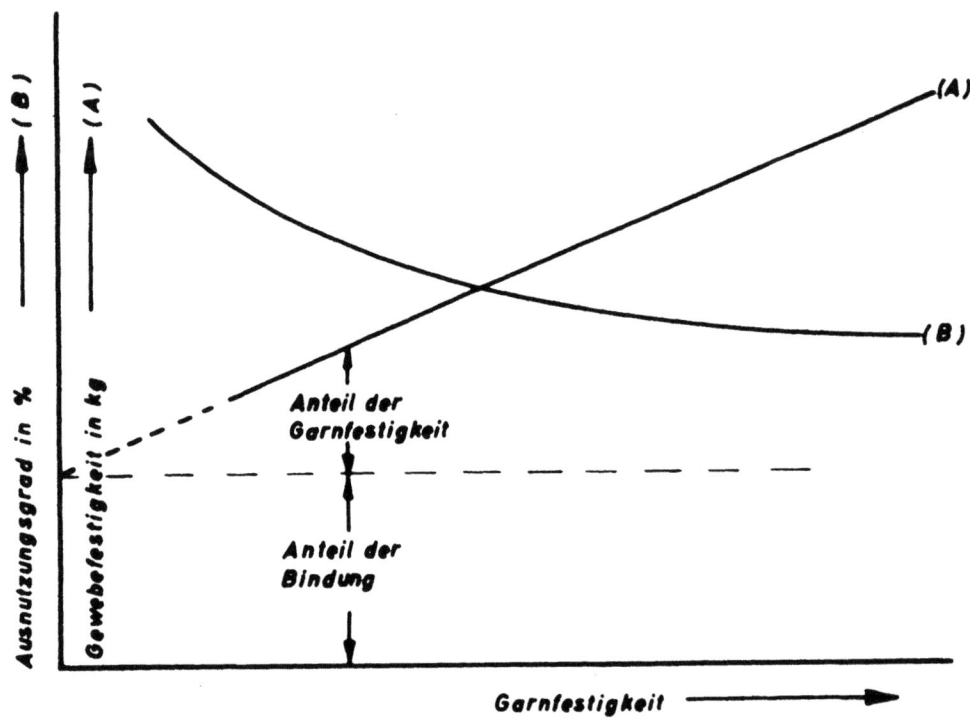

Auf diese in der obigen Skizze dargestellten Verhältnisse sind wir ausführlich in dem Bericht über Untersuchungen an Reinleinengeweben eingegangen[10]. Damals sind Gewebe aus Garnen abgestufter Festigkeit gefertigt und untersucht worden, um den Einfluß der letztgenannten zu ermitteln. Er wurde wie vorstehend geschildert festgestellt.

Somit ist die Aussage über den Ausnutzungsgrad eines Garns nur eindeutig, wenn gleichzeitig die absolute Zahl der Garnfestigkeit genannt

---

10. Forschungsbericht des Wirtschafts- und Verkehrsministeriums Nordrhein-Westfalen, Heft 29

Forschungsberichte des Wirtschafts- und Verkehrsministeriums Nordrhein-Westfalen

wird und Kenntnis über die Veränderlichkeit im Rahmen variabler Garnfestigkeiten vorhanden ist.

Es war bei der Planung und Durchführung der hier beschriebenen Arbeiten mit Halbleinen leider nicht möglich, verschieden feste Garne in Kette und Schuß einzusetzen, da zumindest in Leinen - aus hier nicht zu erörternden Gründen - nur verhältnismäßig einheitlich hohe Festigkeiten erhältlich waren.

Wir sind deshalb gezwungen, bei der Korrektur der erhaltenen Ausnutzungswerte und ihrem Bezug auf einheitliche Garnfestigkeiten auf diesbezüglich anderweitige Erfahrungen mit Leinengarnen zurückzugreifen. Hierin liegt zugegebenerweise ein Verstoß gegen den Grundsatz, daß das nur am gleichen Objekt erhaltene Ergebnis stichhaltig ist. Uns erscheint derzeit - mangels eines anderen Weges - diese Maßnahme erlaubt, zumal es sich nicht darum handelt, der Praxis dogmatisch feste Zahlen zu liefern. Dazu sind die von Fall zu Fall auftretenden, schon vom Webstuhl her kommenden Streuungen ohnehin viel zu groß. Wir haben nur Richtwerte zu geben, denen erst Praxiszahlen die erforderliche Abrundung geben können.

3.21 Halbleinengewebe

Tabelle 6 enthält die - aus den Versuchsergebnissen mit verschiedenen rel. Dichten - gemittelten Daten für die leinwandbindigen Gewebe Vers. 1 - 27 mit Kette BW 17 und Schuß Fl.W.12, soweit es sich um die Prüfung

T a b e l l e 6

Mittelwerte aus Trockenprüfungen

Kette: BW Nm 17; Schuß: Fl.W. Nm 12

Kettgarn : roh   : Nm 16,6; P = 765 g
Schußgarn: roh   : Nm 12,6; P = 1380 g
           1/4 weiß: Nm 13,3; P = 1163 g
           1/2 weiß: Nm 13,2; P = 1170 g

Vers. Nr.	Fadenzahl je 5 cm		rel. Gewebedichte		Gewebebruchlast in kg		Ausnutzung in % Rohgarn		Webg.
	K	S	K	S	K	S	K	S	S
1-9	97,2	81,9	4,77	4,62	74,0	114,3	99,5	101,2	
10-18	97,1	86,2	4,76	4,73	74,6	115,2	100,4	97,0	114,9
19-27	97,5	86,3	4,79	4,75	73,9	115,9	99,1	97,3	114,7

im trockenen Zustand handelt. Die Ergebnisse der Naßprüfung, die jeweils nur bei einer mittleren Dichte vorgenommen wurde, sind unmittelbar der Tabelle 3 zu entnehmen; desgleichen die Werte für Vers. 28 und 29 mit der gleichen Kette und Schuß Fl.W.18 bzw. Fl. 18. Ebenso können die Zahlen für die Gewebe mit Zwirnkette BW 34/2 und Schuß Fl.W.12 bzw. Fl.W.18 bzw. Fl.18 (Vers. 39-41, 44-46 und 47-49) direkt aus Tabelle 4 ersehen werden.

3.211 Kettrichtung

Abbildung 3 zeigt die Gewebefestigkeiten und Ausnutzungsgrade in Kettrichtung der Versuchsgewebe. Die schwarzen Säulen geben die Ergebnisse der Trocken-, die hellen diejenigen der Naßprüfung wieder.

Betrachten wir die Gewebe mit Kette BW 17, so ist zunächst ersichtlich, daß die Variation von rohen und gebleichten Garnen - wie sie bei Schuß Fl.W.12 vorgenommen wurde - auf die Gewebefestigkeit und die Ausnutzungen des Kettgarns keinerlei Einfluß gehabt hat. Die Ausnutzungen trocken liegen sämtlich bei 100 %, und die Ausnutzungen naß streuen nur wenig um 125 %.

Bei den Schußgarnen Fl.W.18 und Fl.18, beide 1/4 weiß, ergab sich ein etwas höherer Ausnutzungsgrad in der Größenordnung von 100 - 105 % trocken, wobei untereinander ein sehr unbedeutender Vorteil beim Flachsschußgarn zu verzeichnen war, der hier nur deshalb erwähnt wird, weil sich bei den Geweben mit Zwirnkette eine Parallele dazu ergab.

Bei den Probewaren mit der Zwirnkette BW 34/2 waren wiederum die Unterschiede, die sich bei Verwendungen von rohen und gebleichten Schußgarnen ergaben, für den Ausnutzungsgrad der Kettgarne ohne Tendenz und ohne Bedeutung. Er wurde bei Schußgarn Fl.W.12 zwischen 95 und 100 % trocken und um 115 % naß, für Schußgarn Fl.W.18 in der gleichen Größenordnung und für Schußgarn Fl.18 etwas erhöht um 100 % trocken und zwischen 115 und 120 % naß festgestellt.

Die genannten Zahlen lassen also den Schluß zu, daß in bezug auf die Kettgarnfestigkeit bei Halbleinen der Bleichgrad des Schußgarns ohne Bedeutung ist.

Nur andeutungsweise macht sich die Feinheit des Schußgarns als Einflußfaktor geltend. Bei Flachsschußgarn zeigt die Kettgarnausnutzung - verglichen mit Flachswerggarn - im Schuß leicht erhöhte Werte.

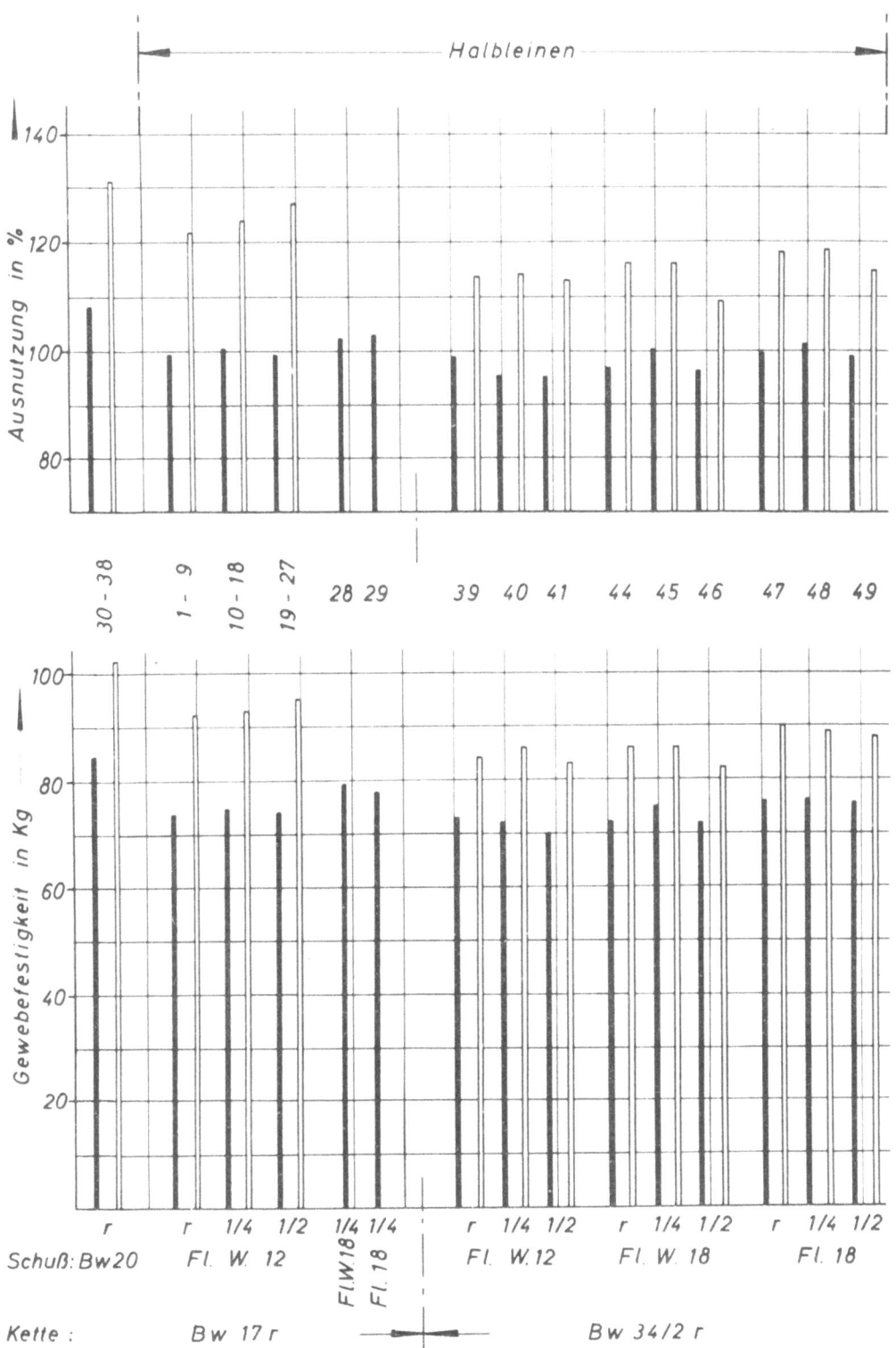

Abbildung 3
Ausnutzung der Garnfestigkeit
Gewebefestigkeiten und Ausnutzungsgrade
Kettrichtung

Die Ausnutzung der Kettfadenfestigkeit ist bei dem Garn höher als beim Zwirn. Ebenso ist auch der Zuwachs der Gewebefestigkeit bei der Naßprüfung verglichen mit der Trockenprüfung bei den Geweben mit BW 17 höher als bei denen mit BW 34/2 in der Kette. Er betrug im Durchschnitt der vergleichbaren Gewebe mit Schußgarn Fl.W.12 25 % gegen 18 % bei Zwirnhalbleinen. Allerdings erscheint dieser letztgenannte Wert etwas gedrückt. Aus anderen Untersuchungen der Ware nach VTL 7210-005, also mit Kette BW 34/2 und Schuß Fl.W.12 ergaben sich höhere Zahlen. Diese mitberücksichtigt, kann für das Maß der Naßfestigkeitssteigerung im nassen Gewebe beim Zwirnhalbleinen als Ergebnis der bisherigen Erfahrungen ein Mittel von 20 % der Trockenfestigkeit angegeben werden.

Wie aus dem Gesagten insgesamt hervorgeht, sind also die Schwankungen der Kettgarnausnutzung beim Übergang von Garn zu Zwirn stärker als bei Variation der Schußgarne nach Feinheit und Bleichgrad.

Aus dem Abschnitt über die Gewebedichte ging hervor, daß eine Beeinflussung des Baumwollkettgarns von der Dichte in beiden Richtungen nicht gegeben ist. Es erübrigen sich also Korrekturen, um die leichten Schwankungen der rel. Dichten auszugleichen.

Das Garn BW 17 hatte eine Reißfestigkeit von 765 g, der Zwirn 34/2 eine solche von 790 g. Auch hier ist der Unterschied nicht groß genug, um schwerwiegende Korrekturen der Ausnutzungszahlen entsprechend dem zu Beginn des Abschnitts 3.2 Gesagten erforderlich zu machen.

Die nachstehende Aufstellung gibt die Größenordnungen für die erhaltenen Zahlen der Ausnutzung wieder.

Kettgarn	Schußgarn			
	Fl.W.12	Fl.W.18	Fl.18	
BW 17, roh	100	100-105	100-105	trocken
	125	(125)	(125)	naß
BW 34/2, roh	95-100	95-100	100	trocken
	115	115	115-120	naß

3.212 Schußrichtung

In Abbildung 4 sind unter Zuhilfenahme der Tabellen 3, 4 und 6 die gemessenen Festigkeiten der leinwandbindigen Halbleinengewebe in Schußrichtung wiedergegeben, während Abb. 5 oben die Ausnutzungsgrade der Rohgarnfestigkeit, unten diejenigen der Webgarnfestigkeit zeigt.

3.2121 Reduktion der Ergebnisse auf einheitliche Dichte und gleiche Garnfestigkeit

Leider sind - wie bereits unter 3.2 auseinandergesetzt - diese der unmittelbaren Auswertung entsprungenen Zahlen nicht ohne weiteres miteinander vergleichbar. Die festgestellten Dichteunterschiede sind zu berücksichtigen und die unterschiedlichen Garnfestigkeiten müssen in Betracht gezogen werden. Kann ersteres auf Grund der in Abschnitt 3.112 niedergelegten Untersuchungsergebnisse geschehen, sind wir bezüglich der Überführung der Ausnutzungszahlen auf eine einheitliche Garnfestigkeit auf Erfahrungen angewiesen, die auf Kenntnissen aus früheren Versuchen an Schußgarnen in Reinleinengeweben beruhen.

Die Reduktion auf einheitliche rel. Dichte - wir wählten einen mittleren Wert von 4,7 entsprechend etwa 16 1/2 Fd/cm bei Nm 12 roh - ist in Abbildung 5 durch die Querstriche an den Säulen der Ausnutzungszahlen angedeutet. Tabelle 7 enthält die auf einheitliche Dichte bezogenen Werte in der zweiten Spalte und zwar untereinanderstehend, oben für die Rohgarn-, unten für die Webgarnfestigkeit. In der ersten Spalte sind die aus den Prüfzahlen unmittelbar errechneten Ausnutzungszahlen eingetragen.

Immer noch aber schränken verschieden hohe Ausgangsgarnfestigkeiten die Vergleichbarkeit ihrer Ausnutzungsfaktoren über die Versuchsgruppen mit einheitlichem Garn hinaus ein.

Um eine solche zu ermöglichen und feste Grundlagen für die Nennung von Zahlenwerten zu erhalten, muß noch eine weitere, bereits wiederholt erwähnte Umrechnung der Ausnutzungswerte auf gleiche Garnausgangsfestigkeit vorgenommen werden, die eingestandenermaßen nur auf Grund von Erfahrungen erfolgen kann.

Diese Erfahrungen liegen aus unseren bereits erwähnten Versuchen mit Leinengarnen vor. Wir verweisen dabei auf den ebenfalls schon genannten

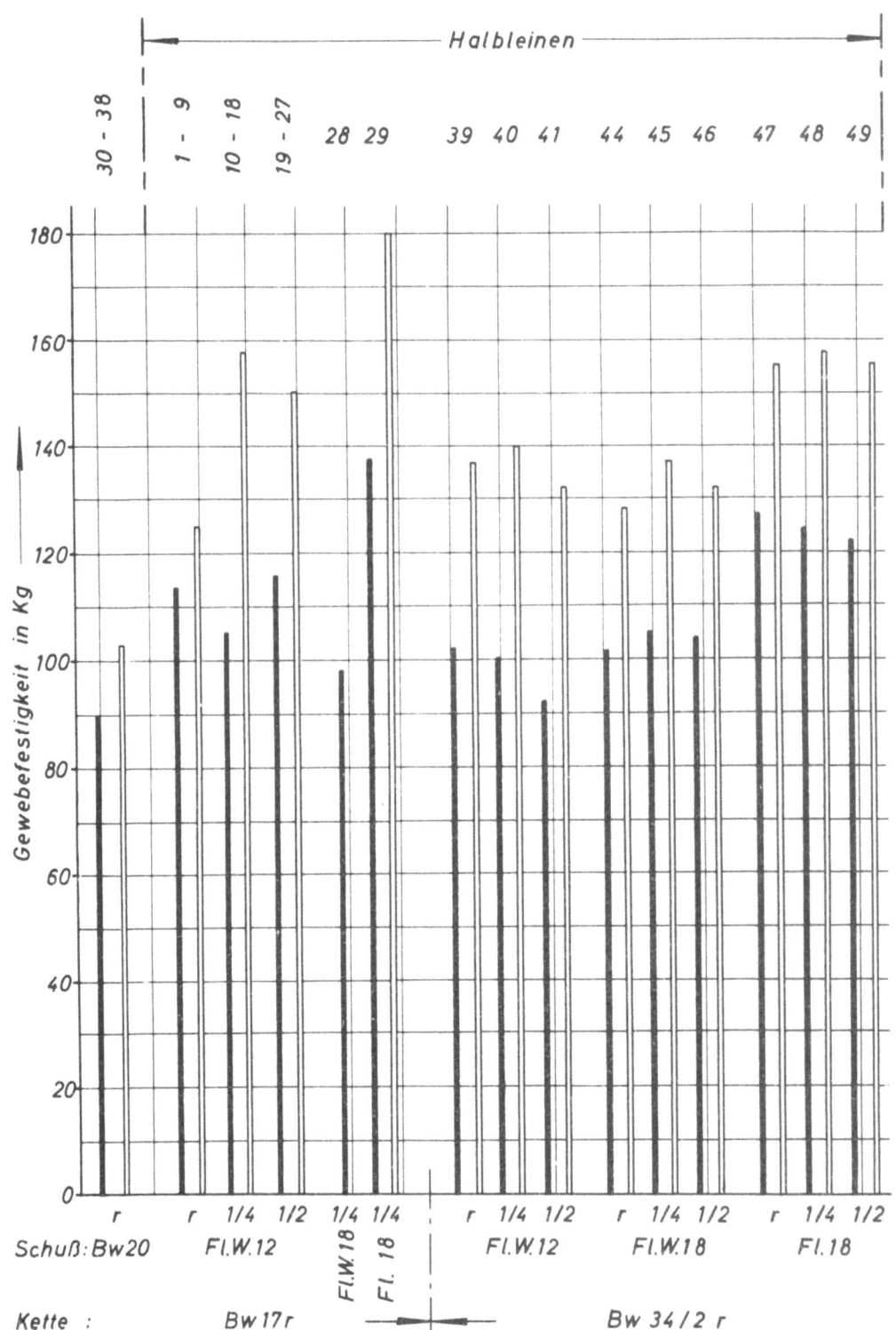

Abbildung 4
Ausnutzung der Garnfestigkeit
Gewebefestigkeiten
Schußrichtung

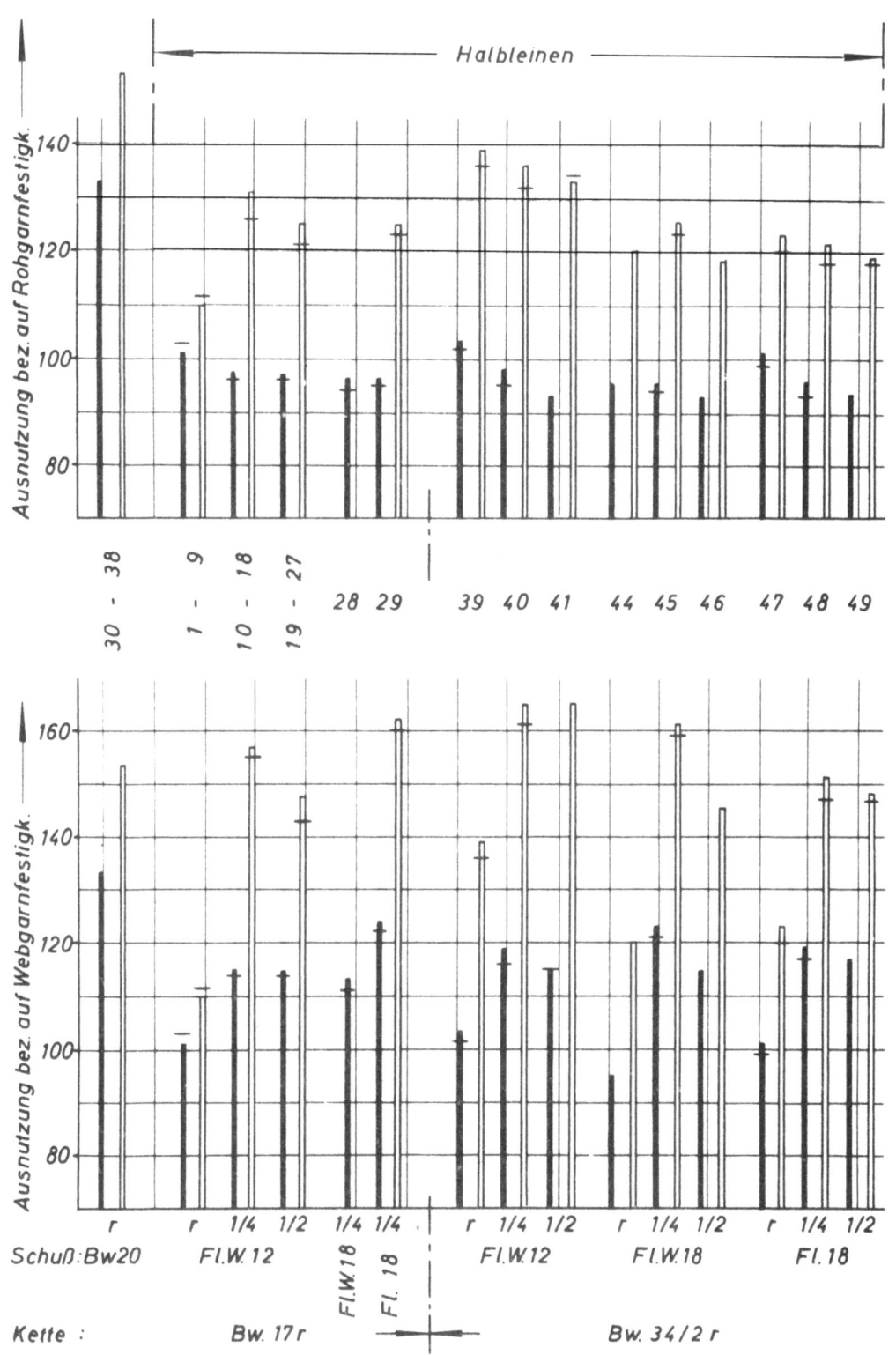

Abbildung 5
Ausnutzung der Garnfestigkeit
Ausnutzungsgrade
Schußrichtung

Bericht des TWB-Bastfaser in den Forschungsberichten des Wirtschafts- und Verkehrsministeriums Nordrhein-Westfalen, Heft 29, dessen Tabellen VII_2 und VII_3 bzw. Abbildungen 11 und 12 uns Anhaltspunkte geben für die notwendige Transformation der Schußgarn-Ausnutzungsprozentzahlen auf einheitliche Garnfestigkeiten, in der Annahme, daß eine diesbezügliche Parallele zwischen Reinleinen und Halbleinen gegeben ist. Mit der erstgenannten Gewebeart befaßten sich nämlich unsere damaligen Untersuchungen, die unter Hinzuziehung einer ganzen Skala von Garnfestigkeiten durchgeführt worden waren. Da es hier nicht um exakt festzulegende Zahlen, sondern aufzuzeigende Größenordnungen geht, worauf nicht oft genug hingewiesen werden kann, glauben wir zu einer Übertragung der damals angefallenen Ergebnisse auf die jetzt betrachteten Halbleinengewebe berechtigt zu sein.

Es kann in diesem Bericht nicht in allen Einzelheiten auf die Umrechnung der bereits nach der rel. Dichte korrigierten Zahlen in der 2. Spalte der Tabelle 7 auf zwei nach der Reißlänge festgelegte Grundqualitäten der Garne eingegangen werden. Die Ergebnisse sind in der 3. und 4. Spalte eingetragen, und zwar bezogen auf die Mindestfestigkeiten der Qualität Ia m Kette (Fl.W.: 14,5 km; Fl.: 20,5 km) und Ia Schuß (Fl.W.: 12 km, Fl.: 18 km), nämlich:

	Ia m Kette	Ia Schuß
Fl.-Werggarn Nm 12 :	1210 g	1000 g
" Nm 18 :	810 g	670 g
Flachsgarn Nm 18 :	1140 g	1000 g

Wiederum sind in den Spalten der jetzt auf einheitliche Rohgarnfestigkeiten bezogenen Ausnutzungsprozentzahlen nebeneinander die Werte für Trocken- und Naßprüfung, untereinander die auf Roh- und Webgarnfestigkeit bezogenen Zahlen aufgeführt. Letztere fallen bei roh verwebten Garnen zusammen.

Diese in den Spalten 3 bzw. 4 der Tabelle 7 zusammengestellten Zahlen können jetzt - jeweils innerhalb einer Spalte - unmittelbar miteinander verglichen werden. Ihre Größenordnungen bedeuten definierte Aussagen.

Ehe wir nunmehr zu der unmittelbar vergleichenden Betrachtung der Zahlen für die erzielbare Ausnutzung der Schußgarnfestigkeit in Halbleinen-

Tabelle 7

Ausnutzungsgrad der Schußgarne

Vers.	Kette	Schuß	1 gemessen tr.	1 gemessen naß	2 korr. n. Dichte tr.	2 korr. n. Dichte naß	3 korr. f. Ia m.K. tr.	3 korr. f. Ia m.K. naß	4 korr. f. Ia S. tr.	4 korr. f. Ia S. naß
1-9	BW. 17	Fl.W.12 roh	101	110	103	112	106	116	116	127
10-18	BW. 17	Fl.W.12 1/4w.	97 / 115	131 / 155	96 / 114	126 / 150	102 / 121	136 / 161	112 / 133	149 / 176
29-27	BW. 17	Fl.W.12 1/2w.	97 / 115	125 / 147	96 / 114	121 / 143	102 / 120	132 / 155	111 / 131	143 / 168
28	BW. 17	Fl.W.18 1/4w.	96 / 113		94 / 111		105 / 123		116 / 136	
29	BW. 17	Fl. 18 1/4w.	96 / 124	125 / 162	95 / 123	124 / 159	103 / 133	134 / 173	109 / 141	142 / 183
39	BW. 34/2	Fl.W.12 roh	104	139	102	136	102	138	111	150
40	BW. 34/2	Fl.W.12 1/4w.	98 / 119	136 / 165	95 / 116	132 / 161	96 / 117	133 / 163	104 / 127	144 / 176
41	BW. 34/2	Fl.W.12 1/2w.	93 / 115	133 / 165	93 / 115	134 / 166	91 / 113	131 / 162	99 / 123	142 / 176
44	BW. 34/2	Fl.W.18 roh	95	121	95	120	109	138	121	154
45	BW. 34/2	Fl.W.18 1/4w.	95 / 123	125 / 161	94 / 121	124 / 159	110 / 141	143 / 184	120 / 157	158 / 203
46	BW. 34/2	Fl.W.18 1/2w.	93 / 115	118 / 146	93 / 115	118 / 146	107 / 132	136 / 168	119 / 146	151 / 186
47	BW. 34/2	Fl. 18 roh	101	123	99	120	104	126	110	134
48	BW. 34/2	Fl. 18 1/2w.	96 / 119	121 / 151	93 / 117	118 / 147	99 / 123	125 / 156	104 / 130	133 / 166
49	BW. 34/2	Fl. 18 1/2w.	94 / 117	119 / 148	94 / 117	118 / 147	98 / 122	124 / 155	104 / 129	133 / 166

geweben gehen, noch ein Wort zu dem Verhältnis zwischen den rohen und gebleichten Garnen. Feinheit und Festigkeit der jeweils 1/4 - und 1/2-weiß gebleichten Garne unterschieden sich wenig, und die Unterschiede sind nicht in allen Fällen folgerichtig. Es ist erlaubt, die Ergebnisse für die beiden gebleichten Garne aus einheitlichem Rohgarn zusammengefaßt zu betrachten[11].

3.2122 Naß- und Trockenfestigkeit

Nun zu den Ausnutzungszahlen selbst, zunächst zum Verhältnis der Ausnutzungsgrade naß und trocken, das sich wie in nachstehender Aufstellung in Prozent (prozentualer Vergleich der in Spalte 3 und 4 nebeneinander aufgeführten Prozentwerte) eingetragen ergibt:

Verhältnis Naß- zur Trockenfestigkeit in %
Schußrichtung

Schuß:	Fl.W.12		Fl.W.18		Fl.18	
	roh	gebl.	roh	gebl.	roh	gebl.
Kette: BW 17	110(?)	130				130
Kette: BW 34/2	135	141	126	129	122	127

Das Ergebnis einer zusammenfassenden Betrachtung ist insofern enttäuschend, als die große Unterschiedlichkeit der Zahlen Zweifel aufkommen läßt, ob es sich dabei um tatsächliche, funktionell bedingte Abstufungen oder um durch Material oder gar Zufall hervorgerufene Differenzen handelt. Es liegen leider hierfür noch nicht genügend Erfahrungswerte vor, ebensowenig wie aus der Garnprüfung Parallelen herangezogen werden können, denn die Gewebe folgen in bezug auf das Verhältnis der Naß- zur Trockenfestigkeit eigenen Zusammenhängen.

Zu den Zahlen in der obigen Aufstellung kann jedenfalls gesagt werden, daß die nur 10 % betragende Überlegenheit der Naßfestigkeit bei BW 17/Fl.W.12, roh völlig aus dem Rahmen fällt und nicht als allgemein gültig betrachtet zu werden braucht. Welches aber das Standardmaß des Naß- zu Trockenverhältnisses für die Leinenschußrichtung ist, kann allein an Hand der aus den beiden beschriebenen Versuchsreihen erhaltenen Werte noch nicht eindeutig bestimmt werden. Lediglich für das Gewebe BW 34/2/Fl.W.12, gebl. liegt uns aus mehreren anderweitig mit dieser Militärware gemachten Erfahrungen die Bestätigung vor, daß das angewiesene Mehr der Naßfestigkeit von 41 % in der Größenordnung richtig

---

11. Die Bleichverluste der Garne lagen gewichtsmäßig zwischen 4,5 und 7,5 %, der Bruchlast nach relativ hoch zwischen 15 und 22,5 %

liegt[12]. Weiter können wir feststellen, daß es sich bei den Versuchen mit Kette BW 34/2, soweit sie mit gebleichten Schußgarnen durchgeführt worden sind, jeweils um Doppeluntersuchungen, nämlich mit 1/4 und 1/2 weißen Garnen handelt. Es wurde bereits gesagt, daß sich die Resultate dieser Prüfungen wenig voneinander unterscheiden, so daß sich die Möglichkeit anbot, sie zu mitteln. Das heißt also, die Zahlen der Festigkeiten aus den genannten Versuchen sind mindestens ihrer Größenordnung nach einmal bestätigt. Allerdings ist dabei jeweils das gleiche Garn, wenn auch unterschiedlich gebleicht, zum Einsatz gekommen.

Sind nun die Größenunterschiede, die sich z.B. bei den Geweben mit Kette BW 34/2 zwischen den Verhältniszahlen der Festigkeit naß zu trocken für die Proben mit Schußgarnen verschiedener Feinheit ergeben haben, wirklich auf die letztgenannte zurückzuführen, oder sind es ungleiche Material-(Faser-) Eigenschaften, welche die Unstimmigkeiten hervorriefen? Selbst wenn wir ersteres als gültig annehmen, nämlich einen bestehenden Zusammenhang zwischen Garnfeinheit und relativer Gewebenaßfestigkeit, und zwar in abnehmendem Sinn mit höher werdender Garnnummer - übrigens im Widerspruch zu den bisherigen Beobachtungen bei der Garnprüfung -, so erscheint der Unterschied zwischen den Geweben mit verschiedener Kette und gleichen Schußgarnen Fl.W.12 (+ 41 % bei BW 34/2 und + 30 % bei BW 17) schlechthin unerklärlich. Es ist nicht wahrscheinlich, daß eine abweichende Konstruktion des Kettfadens eine derart einschneidende Veränderung im Naßverhalten eines sonst gleichen Gewebes in Gegenrichtung hervorrufen kann, wenn nicht Fragen der Fasermischung und auftretende Zufälligkeiten eine störende Rolle spielen.

Gerade im Hinblick auf den letzteren Einwand schenken wir den Zahlen in Rubrik Kette BW 17 geringeres Vertrauen, da hier (s. Tab. 3) einer größeren Reihe Trockenuntersuchungen, die zur Mittelbildung zur Verfügung standen, jeweils - leider, war nachträglich zu sagen - nur eine Naßprüfung gegenüberzustellen ist. Es bleiben die Resultate der Reihe mit Kette BW 34/2. Sie zeigen für die Verhältniszahl von Naß- und Trockenfestigkeit der Halbleinengewebe in Schußrichtung einen - auch anderweitig erhärteten - Wert von 141 % für Fl.W.12. Für Fl.W.18 ergaben sich 129 % und für Fl.18 127 %, in allen Fällen mit gebleichten Schuß-

---

12. Wir erhielten bei diesen außerhalb der beschriebenen Versuche durchgeführten Untersuchungen: + 47 %, + 44 %, + 41 %, + 36 %

garnen. Diese zwei letztgenannten Zahlen seien bis zu ihrer Bestätigung lediglich als ein Untersuchungsergebnis registriert.

Für die Gewebe mit rohem Schußgarn liegt die Überlegenheit der Naßfestigkeit recht einheitlich und auch einleuchtend größenordnungsmäßig um etwa 5 Prozentpunkte niedriger.

Auf die andeutungsweise etwas geringere relative Naßfestigkeit des Gewebes mit Fl.18 gegenüber dem Gewebe mit Fl.W.18 im Schuß, sei wiederum als Ergebnis eines zunächst einzelnen Vergleichsversuchs lediglich hingewiesen.

3.2123 Einfluß des Bleichgrades

Bei allen Versuchen, die mit rohen und gebleichten Garnen durchgeführt wurden, liegen die Ausnutzungsgrade der Rohgarnfestigkeit, wie zu erwarten war, bei den roh verwebten Garnen höher als bei den gebleicht verarbeiteten. Der Unterschied erreicht aber in keiner Weise das Ausmaß der in der Bleiche verursachten Festigkeitsverluste der Garne und bleibt, wie die nachstehende Aufstellung zeigt, relativ gering. Die Zahlen sind bezogen auf Garnqualität Ia m Kette genannt (Spalte 3 der Tab. 7).

<u>Mittelwert aus Trockenprüfungen</u>

Vers. 1-27 u. 39-41, 44-46, 47-49

<u>Schußgarnausnutzung bez. auf Rohgarnfestigkeit in %</u>

Schuß	Fl.W.12		Fl.W.18		Fl.18	
	roh	gebl.	roh	gebl.	roh	gebl.
Kette: BW 17	106	102				
BW 34/2	102	94	109	108	104	99

Der nur verhältnismäßig geringe Abfall der prozentualen Rohgarnausnutzung bei den gebleicht verwebten Garnen, der sich bei den oben angegebenen Trockenprüfungen zwischen 1 und 8 Prozentpunkten ergab und der sich fallweise auch ganz verwischt und gar ins Gegenteil verkehrt[13], bedeutet angesichts der bereits erwähnten erheblichen Festigkeitsverluste der <u>Garne in der Bleiche</u>, daß die Ausnutzung der tatsächlichen Garnfestigkeit

13. Vgl. Vers. 44 - 46 naß oder 1 - 27 naß

d.h. der Ausnutzungsgrad der "Webgarnfestigkeit" für die gebleicht verarbeiteten Schußgarne ein wesentlich höherer ist als der bei Rohschuß, wie aus einem Vergleich der nachstehenden Zahlen aus der Tabelle 7 - wiederum bezogen auf Ia m Kette (Spalte 3) - hervorgeht.

<u>Mittelwert aus Trockenprüfungen</u>

Vers. 1-27 u. 39-41, 44-46, 47-49

<u>Schußgarnausnutzung bez. auf Webgarnfestigkeit in %</u>

Schuß	Fl.W.12		Fl.W.18		Fl.18	
	roh	gebl.	roh	gebl.	roh	gebl.
Kette: BW 17	106	121				
BW 34/2	102	115	109	137	104	123

Noch kräftiger als bei den vorgenannten Ergebnissen der Trockenprüfung tritt der Vorteil einer Verarbeitung gebleichter Garne bei den Werten für die Ausnutzungsgrade naß zutage: Vers. 1 - 27: 158 gegen 116 %; Vers. 39 - 41: 163 gegen 138 %; Vers. 44 - 46: 176 gegen 138 %; Vers. 47 - 49: 156 gegen 126 %.

Wohl war entsprechend der geringeren Ausnutzung der Rohgarnfestigkeit die Festigkeit der mit gebleichtem Schuß gefertigten Gewebe - gleiche rel. Dichte vorausgesetzt - in der Regel etwas geringer, aber der unterschiedliche Weißgrad der Gewebe und der überdurchschnittlich hohe Festigkeitsverlust der Garne bei der Bleiche sind in Betracht zu ziehen. So gesehen, offenbart der hohe Grad der Webgarnausnutzung einen augenfälligen Vorteil der Verarbeitung vorgebleichter Schußgarne.

3.2124 Einfluß der Garnnummer und Garnart

Jetzt können auch die Ausnutzungszahlen für die Schußgarne verschiedener Feinheit und Art (Werg- und Flachsgarn) untereinander verglichen werden. Sie sind nachstehend für die Gewebe mit einfacher Kette aus den Versuchen 10 - 18, 28 und 29 mit 1/4 weißen Schußgarnen, für die Gewebe mit Zwirnkette aus den Versuchen 40, 45 und 48 ebenfalls mit 1/4 weißen Schußgarnen zusammengestellt. Es handelt sich um auf Rohgarnfestigkeit Ia m Kette bezogene Zahlen; eingeklammerte Werte gelten für Naßprüfung.

Schußgarnausnutzung in %

Schuß	Fl.W.12	Fl.W.18	Fl.18
Kette: BW 17	102 (136)	105	103 (134)
BW 34/2 [14]	96 (133)	110 (143)	99 (125)

Die Zusammenstellung ergibt, daß in beiden Fällen der unterschiedlichen Kette das feinere der miteinander vergleichbaren Flachswerggarne die bessere Ausnutzung ihrer Rohgarnfestigkeit aufzuweisen hat. Demgegenüber hat das Flachsgarn schlechtere Ausnutzungszahlen als das gleich starke Flachswerggarn. Diese beiden Erscheinungen müssen allerdings gesondert behandelt und gedeutet werden.

Der Unterschied in der Ausnutzung der Garne verschiedener Nummern ist anscheinend nicht sehr beträchtlich, denn uns erscheint die für BW 34/2 - Fl.W.12 gefundene Zahl der Ausnutzung trocken etwas gedrückt; vgl. Ausnutzung naß. Immerhin kann aber innerhalb der gebotenen Vorsicht bei Übergang von Schußgarn Fl.W.12 auf Fl.W.18 mit einem Anstieg des Ausnutzungsgrades der Rohgarnfestigkeit trocken um 3 bis 5 Prozentpunkte gerechnet werden.

Bei dem Vergleich der Ausnutzungswerte von zwei Garnen gleicher Nummer aus Flachs und Flachswerg ergibt sich, wie bereits gesagt, eine unverkennbare Verschlechterung zu Ungunsten des erstgenannten. Das Ausmaß dieser Verschlechterung ist je nach Kette unterschiedlich. Wir möchten das bei Kette BW 34/2 gefundene Resultat, welches die stärkere Abweichung der Ausnutzungszahlen zwischen Flachs- und Flachswerggarnen zeigt, als glaubwürdig ansehen. Auch das Mittel aus den Versuchen 39 - 41, 44 - 46 und 47 - 49, das also die Versuchsergebnisse mit rohen, 1/4 weißen und 1/2 weißen Schußgarnen enthält, ergibt Ausnutzungswerte von 109 bzw. 100 % trocken und 139 bzw. 125 % naß zu Ungunsten des Flachsgarns. Demgegenüber beruht der für Kette BW 17 vorgenommene Vergleich nur auf einer einzigen Untersuchung. Hier ist der Unterschied der Ausnutzung mit 105 bzw. 103 % trocken verhältnismäßig gering. Im Rahmen der gebotenen Vorsicht werden wir dennoch mit einer Verringerung des

---

14. Werden bei dieser Reihe die Versuche 39-41, 44-46 und 47-49, also mit rohen, 1/4 weißen und 1/2 weißen Schußgarnen zusammengefaßt betrachtet, so ergibt sich die Abstufung nur wenig verändert wie folgt: 96 (134) - 109 (139) - 100 (125) %

Ausnutzungsgrades bei Übergang von Flachswerg auf Flachsgarn in einer Größenordnung von 10 Prozentpunkten - bezogen auf Rohgarnfestigkeit trocken und Qualität Ia m Kette - rechnen müssen.

Diese Feststellung ist für Vorausberechnungen von Bedeutung. Sie sagt aber grundsätzlich nichts Neues und erweckt eigentlich sogar eine falsche Vorstellung über die Ausnutzungsverhältnisse. Keineswegs verhält sich nämlich das Flachsgarn in bezug auf seine Ausnutzung strukturell schlechter als das Werggarn. Ein anderes Ergebnis des angestellten Vergleichs ist gar nicht zu erwarten gewesen, da bekanntlich höhere Festigkeiten - und solche sind bei Flachsgarnen gegenüber Werggarnen gleicher Qualität stets vorhanden - zu niedrigeren Ausnutzungsgraden führen. Würde auch der Vergleich der Ausnutzung von Flachs- und Flachswerggarnen auf Basis gleicher Festigkeit, nicht gleicher Qualitätsstufen vorgenommen, so würde sich vergleichsweise sogar eine bedeutend höhere Ausnutzung des Flachsgarns ergeben.

3.2125 Einfluß der Kette

Wenden wir uns jetzt dem Vergleich der Ausnutzungszahlen der Schußgarnfestigkeit bei unterschiedlichen BW-Ketten zu. Die Versuche sind - wie erinnerlich - einerseits mit einer einfachen, andererseits mit einer Zwirnkette durchgeführt worden. Die Fadenstärke war in beiden Fällen gleich - Nm 17 bzw. 34/2 -, die Fadendichte war bei der Zwirnkette durchweg etwas geringer ausgefallen - rel. D. rd. 4,6 gegen 4,8 -, doch sollte diese Differenz nach den in Abschnitt 3.112 behandelten Ergebnissen der Untersuchungen über die Abhängigkeit der Garnfestigkeitsausnutzung von der Gewebedichte - Einfluß der Kettdichte auf die Schußgarnausnutzung im Halbleinen - keine ausschlaggebende Rolle spielen.

Das Ergebnis des Vergleichs dieser Zahlen - vgl. Zusammenstellung auf Seite 36 obere und untere Zeile - befriedigt nicht; es gibt Widersprüche im Verhalten der verschiedenen Schußgarne. Die Trockenausnutzung von Fl.W.12 spricht eindeutig für einen Vorteil der einfachen Kette, wenn auch, wie schon einmal erwähnt, die Zahl von 96 % für den Fall der Zwirnkette etwas gedrückt erscheint. Die Naßprüfung gibt Zahlen, deren Vergleich eine geringere, immerhin aber vorhandene Überlegenheit der einfachen Kette in Erscheinung treten läßt. Die Versuche mit Flachsgarn Nm 18 fallen ebenfalls eindeutig zugunsten der BW 17-Kette aus, sowohl auf Grund der Ergebnisse der Trocken- als auch der Naßprüfungen. Anders der Vergleich der Versuchsergebnisse mit Flachswerggarn Nm 18. Hier ist nichts an dem höheren Wert der Schußgarnausnutzung im Gewebe mit Zwirnkette zu deuten. Leider steht in diesem Fall für Kette BW 17 nur das Ergebnis der Trockenprüfung zur Verfügung, und die Bestätigung der getroffenen Feststellung durch die Naßprüfung fehlt. Die für Kette BW 34/2 vorhandene Zahl für die Ausnutzung naß liegt jedenfalls sehr günstig.

Somit läßt sich die Frage, ob eine einfache oder eine gezwirnte Baumwollkette die bessere Ausnutzung der Leinenschußgarnfestigkeit im Halbleinen gestattet, noch nicht eindeutig beantworten, hierfür sind weitere Untersuchungen erforderlich. Es sei aus gebotener Vorsicht anheimgestellt, mit den niedrigeren der jeweils festgestellten Werte zu rechnen.

3.22 Baumwollgewebe

Wie erinnerlich, wurde neben der Herstellung der unterschiedlichen Halbleinengewebe in die Kette BW 17 versuchsweise auch BW-Garn Nm 20 roh eingeschossen (Vers. 30-38; s. Tab. 1 und 3).

Der Einfluß der verschiedenen Fadendichten in Kette und Schuß, der auch bei diesem rein baumwollenen Gewebe untersucht worden ist, wurde bereits in Abschnitt 3.12 besprochen. Hier handelt es sich um den Vergleich der erreichten Festigkeitsausnutzung in Kett- und Schußrichtung mit den bei Halbleinen erhaltenen Zahlen. Dazu müssen bei den letztgenannten Geweben diejenigen mit dem feineren Schußgarn Nm 18, 1/4 weiß herangezogen werden, das dem Baumwollschußgarn Nm 20, roh, der Feinheit und dem Weißgrad nach einigermaßen entspricht.

Der Angleichung der Festigkeit halber kommt das Halbleinen mit dem Flachswergschuß für den Vergleich in Frage (Vers. 28). Je nach Qualität Ia m Kette oder Ia Schuß hat das Garn Fl.W.18 eine Festigkeit von 810 oder 670 g roh bzw. - unter Zugrundelegung des festgestellten prozentualen Festigkeitsverlustes bei der Bleiche - 690 oder 570 g gebleicht. Die Festigkeit des Baumwollgarns Nm 20, roh, betrug 616 g. Sie liegt also zwischen den beiden oben genannten Werten, auf welche die Webgarnausnutzungsgrade des Versuchs 28 mit Schußgarn Fl.W.18, 1/4 weiß in den Spalten 3 und 4 der Tabelle 7 (2. Zeile) bezogen sind.

Die Mittelung der Gewebe- und Ausnutzungsdaten aus Tabelle 3 für die Versuche 30 - 38 mit BW-Schuß Nm 20 ergibt die in Tabelle 8 aufgeführten Zahlen.

<u>T a b e l l e   8</u>

Mittelwerte

Kettgarn : BW 17 roh: Nm 16,6; P = 765 g
Schußgarn: BW 20 roh: Nm 21,7; P = 616 g

Vers. Nr.	Fadenzahl je 5 cm		rel. Gewebedichte		Gewebebruchlast in kg		Ausnutzung in %	
	K	S	K	S	K	S	K	S
30-38	101,7 (101,9)	109,2 (109,3)	4,99 (5,0)	4,68 (4,69)	84,5 (102,8)	89,5 (102,8)	109 (132)	133 (153)

Klammerwerte für Naßprüfung

Den Ausnutzungswerten der Tabelle 8 seien die Zahlen für das Halbleinen aus Vers. 28 mit der gleichen Kette BW 17 roh und Leinenschuß Fl.W.18, 1/4 weiß reduziert auf die Mindestfestigkeit einer Mittelqualität zwischen Ia m Kette und Ia Schuß aus Tabelle 3 (Kettrichtung) und Tabelle 7 (Schußrichtung, Webgarnausnutzung) gegenübergestellt:

Kette: 102 % bei rel.D. 4,96; Schuß: 130 % bei rel.D. 4,7

Die genannten Ausnutzungsgrade des Baumwollgewebes einerseits und des Halbleinens andererseits können jetzt auch deshalb unmittelbar verglichen werden, weil sich die relativen Dichten in Kette und Schuß sehr nahekommen. Wie ersichtlich, ergibt sich eine vergleichsweise bessere Ausnutzung der Garnfestigkeit mit dem Baumwollgewebe mit 109 gegen 102 % in Kett- und 133 gegen 130 % in Schußrichtung. Wir fanden früher, daß feine Garne im allgemeinen eine bessere Ausnutzung haben als die gröberen. Demnach hatte das etwas feinere Baumwollgarn bei dem durchgeführten Vergleich von vornherein eine etwas größere Chance. Dennoch scheint richtig zu sein, anzunehmen, daß im homogeneren Baumwollgewebe die Garnfestigkeit besser zur Auswirkung kommt.

Die Naßfestigkeit des BW-Gewebes ergab sich in der Kette einheitlich mit rd. 120 %, im Schuß niedriger und streuend um 115 % der Trockenfestigkeit.

3.23 Zusammenfassung

Die Abhängigkeit der Garnfestigkeitsausnutzung von der Gewebedichte und der Ausgangsfestigkeit der verwebten Garne machte bei der Auswertung der zur Frage des Einflusses verschiedener Garne erhaltenen Versuchsergebnisse eine in den vorausgegangenen Abschnitten beschriebene Umrechnung der Zahlen erforderlich, um sie auf gleicher Basis von Garnfestigkeit und Gewebedichte miteinander vergleichbar zu machen.

Die Abhängigkeit der so erhaltenen Werte der Ausnutzungsgrade von der Art der Kette (Garn- und Zwirnkette), von Nummer und Bleichgrad der Schußgarne sowie von der Art der Schußgarne (Flachs, Flachswerg, Baumwolle) ist nicht in allen Fällen in der erwünschten Klarheit zutage getreten. Es ist deshalb bei der Zusammenfassung der Ergebnisse angebracht, die zu nennenden Zahlen zunächst als das Produkt zwar eingehender, jedoch durch weitere Reihen zu ergänzender Untersuchungen anzusehen. Das gleiche ist zu sagen zu den Feststellungen über das Verhältnis von Naß- und Trockenfestigkeit der zur Prüfung herangezogenen Gewebe.

In Kettrichtung eines leinwandbindigen Halbleinens ergab sich die Ausnutzung des Kettgarns BW 17 bei einem Werggarn Fl.W.12 als Schuß ohne jede Beeinflussung durch dessen Bleichgrad mit etwa 100 %. Bei einer Zwirnkette BW 34/2 war deren Ausnutzung bis zu 5 Prozentpunkten geringer als bei der einfachen Kette. Die Erhöhung der Schußgarnnummer auf Fl.W.18 brachte eine Steigerung des Kettgarnausnutzungsgrades in einer vernachlässigbaren Größenordnung mit sich.

Das gleiche ist zu sagen für den Übergang von Werggarn zu Flachsgarn gleicher Nummer im Schuß. Alle Zahlen beziehen sich auf Trockenprüfungen.

Die Naßfestigkeit der leinwandbindigen Halbleinengewebe in Kettrichtung ist im Mittel mit rd. 120 % der Trockenfestigkeit anzugeben.

In Schußrichtung des Halbleinens ergaben sich trotz relativ hoher Festigkeitsverluste der Garne beim Bleichen für die Gewebe mit rohem und gebleichtem Schuß nur gering voneinander abweichende Ausnutzungen der Rohgarnfestigkeit, und zwar in der Größenordnung von 100 bis 110 % für Gewebe mit Rohschuß und 95 bis 110 % für Gewebe mit gebleichtem Schuß. Dies bedeutet, daß bezogen auf die Webgarnfestigkeit die Ausnutzungsgrade der gebleichten Garne wesentlich höher liegen als die der roh verarbeiteten.

Ob die Ausnutzungen der Schußgarnfestigkeit bei der einfachen oder bei der Zwirnkette die besseren Werte aufweisen, hat sich nicht ganz klar ergeben.

Die Ausnutzung des Schußgarns mit der höheren Nummer Fl.W.18 war derjenigen des gröberen Garns um 3 bis 5 Prozentpunkte überlegen. Das Flachsschußgarn Fl.18 zeigte wesentlich niedrigere Ausnutzungsgrade (um 10 Prozentpunkte), was verständlicherweise auf die höhere Festigkeit der Flachsgarne gleicher Qualitätsklasse zurückzuführen ist[15].

Alle vorstehend für die Schußgarnausnutzung angegebenen Zahlen beziehen sich auf eine relative Dichte von 4,7 und eine Garnfestigkeit entsprechend der Qualität Ia m Kette.

Die Naßfestigkeit in Schußrichtung des Halbleinens ergab sich teilweise sehr unterschiedlich. Hier sei festgehalten, daß sich bei der Zwirnkette BW 34/2 das Verhältnis von Naßfestigkeit zu Trockenfestigkeit mit 141 % bei Schuß Fl.W.12, 129 % bei Schuß Fl.W.18 und 127 % bei Schuß Fl.18 ergeben hat, wobei es sich durchweg um gebleichte Garne handelte. Der erstgenannte Wert ist durch eine größere Anzahl anderweitiger Versuche bestätigt. Gewebe mit Rohgarnen zeigten um rd. 5 Prozentpunkte niedrigere Ausnutzungsgrade.

Die Versuchsergebnisse mit einem <u>leinwandbindigen Baumwollgewebe</u> (Kette BW 17, Schuß BW 20, beide roh) und ihr Vergleich mit Halbleinen etwa gleicher Nummer und gleichen Weißgrades (Kette: BW 17 roh; Schuß: Fl.W.18, 1/4 weiß) zeigen, bezogen auf etwa gleiche Festigkeit des unterschiedlichen Schußgarns, bessere Ausnutzung der Garne beider Richtungen im homogeneren Baumwollgewebe, die in der Kette mit + 7, im Schuß mit + 3 Prozentpunkten festgestellt wurde, wobei allerdings die etwas höhere Feinheit des Baumwollschußgarns zu berücksichtigen ist. Die Naßfestigkeit in Kettrichtung ergab sich wie beim Halbleinen mit 120 % der Trockenfestigkeit, während im Schuß vergleichsweise niedrigere Werte um 115 % streuend gefunden wurden. Hier ist fraglos ein großer Vorteil des Halbleinens in Schußrichtung vorhanden.

---

15. Wären die Ausnutzungen nicht auf gleiche Qualitätsstufen, sondern auf gleiche Garnfestigkeiten bezogen anzugeben, würde sich umgekehrt eine starke Überlegenheit des Flachsgarns ergeben haben

3.3 Einfluß der Bindung

Wie schon in Abschnitt 2 unter C angegeben, wurden im Rahmen der Versuchsreihe 50 - 52 aus Kettgarn BW 17 roh und Schuß Fl.W.12, 1/4 weiß, den gleichen Garnen, die für die Versuche 10 - 18 Verwendung fanden, auch Gewebe als 3/1 Köper angefertigt und auf die Ausnutzung der Garnfestigkeiten hin untersucht. Diese Köpergewebe hatten eine gleichbleibende Kettfadendichte (rel.D. 5,3) und eine veränderliche Schußfadendichte (rel.D. 4,8 - 5,2 - 5,4). Die Dichten in beiden Geweberichtungen wurden also, wie dies praktisch üblich ist, im Vergleich zu den leinwandbindigen Geweben höher gewählt.

Die erhaltenen Prüfdaten und errechneten Ausnutzungszahlen enthält Tabelle 5 (S. 12).

Zunächst ist in bezug auf den Einfluß der Dichte festzustellen, daß wie bei der Leinwandbindung auch in den Köpergeweben die im Schuß veränderte Fadenzahl auf die Ausnutzung der Kettgarnfestigkeit keine Rolle spielt. Aber auch die Schußgarnausnutzung wird durch die Veränderung der Dichte in Schußrichtung wesentlich weniger beeinflußt, als wie dies bei den leinwandbindigen Versuchsgeweben gezeigt werden konnte. Die Zahlen der Tabelle 5 geben überhaupt nur eine Andeutung einer diesbezüglichen Tendenz. Sie ist aber, wie uns von anderen Versuchen her bekannt ist, fraglos vorhanden, allerdings dürfte sie im Mittel 1 Prozentpunkt je Zehnteldezimale der rel. Dichte nicht überschreiten.

Tabelle 9 enthält die gemittelten Werte aus den Vers. 50 - 52 mit den Köpergeweben und in Gegenüberstellung aus Tabelle 6 die Zahlen für die in den Vers. 10 - 18 mit den gleichen Garnen leinwandbindig hergestellten Geweben.

Tabelle 9

Mittelwerte aus Trockenprüfung

Kettgarn : BW 17, roh   : Nm 16,6; P = 765 g
Schußgarn: Fl.W.12, 1/4 weiß : Nm 13,3; P = 1163 g (P roh: 1380 g)

Vers.	Fadenzahl je 5 cm		rel. Gewebedichte		Gewebebruchlast in kg		Ausnutzung in %		
							Rohgarn		Webg.
	K	S	K	S	K	S	K	S	S
50-52	108,0	93,1	5,30	5,10	87,0	91,6	105,2	71,3	84,6
10-18	97,1	86,2	4,76	4,73	74,6	115,2	100,4	97,0	114,9

Da die verwendeten Garne bei beiden Versuchsreihen die gleichen waren, steht von dieser Seite aus dem unmittelbaren Vergleich der Zahlen nichts entgegen. Ein solcher wird auch trotz unterschiedlicher rel. Dichte möglich, wenn für den vorliegenden Fall der Unterschied (Größenordnung: 5,2 gegen 4,8) als dem Übergang von Leinwand- zu Köperbindung angemessen anerkannt wird. Daß ein Vergleich tatsächlich nur als Illustration für einen bestimmten Fall gelten kann, ergibt sich schon aus dem voneinander abweichenden Verhalten der Gewebe bezüglich der Garnfestigkeitsausnutzung bei unterschiedlicher Dichte. Je dichter die Schußgarneinstellung, desto günstiger muß der Vergleich der Schußgarnausnutzung für das leinwandbindige Gewebe ausfallen, da dieses auf eine Dichteerhöhung mit einer wesentlich stärkeren Zunahme des Ausnutzungsgrades reagiert als der Köper.

Noch eine Einschränkung. Die Zahlen für das Maß der Garnfestigkeitsausnutzung in Tabelle 9 sind ohne Korrektur so eingesetzt, wie sie aus den erhaltenen Prüfwerten errechnet wurden. Sie beziehen sich also nicht auf eine gewählte Standardfestigkeit, sondern gelten für die zur Verwendung gekommenen Garne, von denen das Schußgarn Fl.W.12, wie erinnerlich, eine extrem hohe Festigkeit hatte. Bezogen auf die Einheitsqualität, etwa Ia m Kette oder gar Ia Schuß, würden sich in beiden Fällen wertmäßig höhere Ausnutzungsgrade für die Schußgarnfestigkeit ergeben. Da es sich in unserem Fall aber nur um einen Vergleich der beiden Bindungen handelt, der ohnehin zunächst nur orientierend geplant war - denn um Festlegungen zu treffen, hätte es mehr als nur einer Versuchsreihe bedurft - sei auf zusätzliche rechnerische und gedankliche Manipulationen verzichtet.

Die Ausnutzung der Kettgarnfestigkeit ist mit 105 % bei dem Köpergewebe sehr günstig. Wir wissen, daß die Steigerung der Dichte allein diese Überlegenheit gegenüber dem leinwandbindigen Gewebe (100 %) nicht in diesem Maß herbeigeführt werden kann (vgl. Abschnitt 3.111). Offensichtlich erlaubt die Köperbindung eine einheitlichere Beanspruchung der baumwollnen Kettfäden bei der Festigkeitsprüfung.

Die Ausnutzung der Schußgarnfestigkeit geht bei dem Köper trotz höherer rel. Dichte erstaunlich stark zurück. Wir fanden 71 % gegen 97 % bei Leinwandbindung. Man beachte, daß für das leinwandbindige Gewebe bei der im Köper erreichten rel. Dichte von 5,1 ein Ausnutzungsgrad von etwa 105 % zu erwarten gewesen wäre[16].

Das Verhältnis der Naß- zur Trockenfestigkeit wurde im Köpergewebe mit rund 120 % für die Kette und 137 % für den Schuß, den bei Vers. 10 - 18 erhaltenen Daten gut entsprechend, festgestellt.

4. Zusammenfassung

In einer umfassenden Untersuchungsarbeit, deren Ergebnisse in diesem Bericht niedergelegt sind, ist erstmalig der Versuch gemacht worden, den Ausnutzungsgrad der Garnfestigkeit in leinwandbindigen Halbleinengeweben unter Berücksichtigung seiner Abhängigkeit von den verschiedenen Garn- und Gewebefaktoren zu ermitteln.

Ausgehend von einer relativ groben Halbleinenware für Bettlaken in Militärunterkünften wurden in beiden Geweberichtungen Variationen der Dichte vorgenommen, in der Kette mit einfachen und gezwirnten Fäden und im Schuß mit Garnen verschiedener Nummer und unterschiedlichen Bleichgrades gearbeitet. Ferner wurde ein Vergleich zwischen Flachs- und Flachswerggarnen im Schuß vorgenommen. Die erhaltenen Gewebe wurden im trockenen und nassen Zustand geprüft und die Ausnutzungsgrade der Garnfestigkeit in beiden Geweberichtungen ermittelt. Sie wurden einander nach erfolgter Reduktion auf einheitliche Garnausgangsfestigkeit gegenübergestellt, um den Einfluß der untersuchten Faktoren zu erkennen.

Neben den leinwandbindigen Waren wurden auch ein Halbleinenköper und ein rein baumwollenes Gewebe - in beiden Fällen ebenfalls mit veränderlicher Dichte - in die Vergleiche einbezogen.

Der vorliegende Bericht erörtert die Untersuchungsergebnisse und die Vorbehalte, die gegen eine uneingeschränkte Allgemeingültigkeit der erhaltenen Zahlen zu machen sind.

Die Anfertigung der Gewebe erfolgte in den Leinenwebereien B.W. Stroetmann, Emsdetten, und C. Weber & Co., Oerlinghausen, denen wir für diese

---

16. Wir haben bei unseren früheren Untersuchungen an Reinleinengeweben bei Übergang von Leinwand- zu Köperbindung Ausnutzungsverluste dieses Umfanges nicht kennengelernt. Allerdings traten sie dort sowohl in Schuß- als auch in Kettrichtung auf, doch bewegten sie sich in einer Größenordnung etwa halb so groß wie jetzt im Halbleinenschuß festgestellt

Unterstützung unseren besten Dank zum Ausdruck bringen. Für die Mitarbeit bei der Versuchsdurchführung und Auswertung der Versuche sei den Herren Text.-Ing. H. Griese und Dipl.-Ing. L. Steinmetz (†) gedankt.

Dipl.-Ing. Waldemar ROHS

FORSCHUNGSBERICHTE DES WIRTSCHAFTS- UND VERKEHRSMINISTERIUMS NORDRHEIN-WESTFALEN

Herausgegeben von Staatssekretär Prof. Dr. h. c. Leo Brandt

HEFT 1
Prof. Dr.-Ing. E. Flegler, Aachen
Untersuchungen oxydischer Ferromagnet-Werkstoffe
1952, 20 Seiten, DM 6,75

HEFT 2
Prof. Dr. W. Fuchs, Aachen
Untersuchungen über absatzfreie Teeröle
1952, 32 Seiten, 5 Abb., 6 Tabellen, DM 10,—

HEFT 3
Techn.-Wissenschaftl. Büro für die Bastfaserindustrie, Bielefeld
Untersuchungsarbeiten zur Verbesserung des Leinenwebstuhls
1952, 44 Seiten, 7 Abb., 3 Tabellen, DM 12,50

HEFT 4
Prof. Dr. E. A. Müller und Dipl.-Ing. H. Spitzer, Dortmund
Untersuchungen über die Hitzebelastung in Hüttenbetrieben
1952, 28 Seiten, 5 Abb., 1 Tabelle, DM 9,—

HEFT 5
Dipl.-Ing. W. Fister, Aachen
Prüfstand der Turbinenuntersuchungen
1952, 40 Seiten, 30 Abb., 3 Schaltbilder, DM 1,—

HEFT 6
Prof. Dr. W. Fuchs, Aachen
Untersuchungen über die Zusammensetzung und Verwendbarkeit von Schwelteerfraktionen
1952, 36 Seiten, DM 10,50

HEFT 7
Prof. Dr. W. Fuchs, Aachen
Untersuchungen über emsländisches Petrolatum
1952, 36 Seiten, 1 Abb., 17 Tabellen, DM 10,50

HEFT 8
M. E. Meffert und H. Stratmann, Essen
Algen-Großkulturen im Sommer 1951
1953, 52 Seiten, 4 Abb., 20 Tabellen, DM 9,75

HEFT 9
Techn.-Wissenschaftl. Büro für die Bastfaserindustrie, Bielefeld
Untersuchungen über die zweckmäßige Wicklungsart von Leinengarnkreuzspulen unter Berücksichtigung der Anwendung hoher Geschwindigkeiten des Garnes
Vorversuche für Zetteln und Schären von Leinengarnen auf Hochleistungsmaschinen
1952, 48 Seiten, 7 Abb., 7 Tabellen, DM 9,25

HEFT 10
Prof. Dr. W. Vogel, Köln
„Das Streifenpaar" als neues System zur mechanischen Vergrößerung kleiner Verschiebungen und seine technischen Anwendungsmöglichkeiten
1953, 20 Seiten, 6 Abb., DM 4,50

HEFT 11
Laboratorium für Werkzeugmaschinen und Betriebslehre, Technische Hochschule Aachen
1. Untersuchungen über Metallbearbeitung im Fräsvorgang mit Hartmetallwerkzeugen und negativem Spanwinkel
2. Weiterentwicklung des Schleifverfahrens für die Herstellung von Präzisionswerkstücken unter Vermeidung hoher Temperatur
3. Untersuchung von Oberflächenveredlungsverfahren zur Steigerung der Belastbarkeit hochbeanspruchter Bauteile
1953, 80 Seiten, 61 Abb., DM 15,75

HEFT 12
Elektrowärme-Institut, Langenberg (Rhld.)
Induktive Erwärmung mit Netzfrequenz
1952, 22 Seiten, 6 Abb., DM 5,20

HEFT 13
Techn.-Wissenschaftl. Büro für die Bastfaserindustrie, Bielefeld
Das Naßspinnen von Bastfasergarnen mit chemischen Zusätzen zum Spinnbad
1953, 52 Seiten, 4 Abb., 19 Tabellen, DM 10,—

HEFT 14
Forschungsstelle für Acetylen, Dortmund
Untersuchungen über Aceton als Lösungsmittel für Acetylen
1952, 64 Seiten, 10 Abb., 26 Tabellen, DM 12,25

HEFT 15
Wäschereiforschung Krefeld
Trocknen von Wäschestoffen
1953, 48 Seiten, 14 Abb., 2 Tabellen, DM 9,—

HEFT 16
Max-Planck-Institut für Kohlenforschung, Mülheim a. d. Ruhr
Arbeiten des MPI für Kohlenforschung
1953, 104 Seiten, 9 Abb., DM 17,80

HEFT 17
Ingenieurbüro Herbert Stein, M.-Gladbach
Untersuchung der Verzugsvorgänge in den Streckwerken verschiedener Spinnereimaschinen. 1. Bericht: Vergleichende Prüfung mit verschiedenen Dickenmeßgeräten
1952, 36 Seiten, 15 Abb., DM 8,—

HEFT 18
Wäschereiforschung Krefeld
Grundlagen zur Erfassung der chemischen Schädigung beim Waschen
1953, 68 Seiten, 15 Abb., 15 Tabellen, DM 12,75

HEFT 19
Techn.-Wissenschaftl. Büro für die Bastfaserindustrie, Bielefeld
Die Auswirkung des Schlichtens von Leinengarnketten auf den Verarbeitungswirkungsgrad, sowie die Festigkeit und Dehnungsverhältnisse der Garne und Gewebe
1953, 48 Seiten, 1 Abb., 9 Tabellen, DM 9,—

HEFT 20
Techn.-Wissenschaftl. Büro für die Bastfaserindustrie, Bielefeld
Trocknung von Leinengarnen I
Vorgang und Einwirkung auf die Garnqualität
1953, 62 Seiten, 18 Abb., 5 Tabellen, DM 12,—

HEFT 21
Techn.-Wissenschaftl. Büro für die Bastfaserindustrie, Bielefeld
Trocknung von Leinengarnen II
Spulenanordnung und Luftführung beim Trocknen von Kreuzspulen
1953, 66 Seiten, 22 Abb., 9 Tabellen, DM 13,—

HEFT 22
Techn.-Wissenschaftl. Büro für die Bastfaserindustrie, Bielefeld
Die Reparaturanfälligkeit von Webstühlen
1953, 28 Seiten, 7 Abb., 5 Tabellen, DM 5,80

HEFT 23
Institut für Starkstromtechnik, Aachen
Rechnerische und experimentelle Untersuchungen zur Kenntnis der Metadyne als Umformer von konstanter Spannung auf konstanten Strom
1953, 52 Seiten, 20 Abb., 4 Tafeln, DM 9,75

HEFT 24
Institut für Starkstromtechnik, Aachen
Vergleich verschiedener Generator-Metadyne-Schaltungen in bezug auf statisches Verhalten
1952, 44 Seiten, 23 Abb., DM 8,50

HEFT 25
Gesellschaft für Kohlentechnik mbH., Dortmund-Eving
Struktur der Steinkohlen und Steinkohlen-Kokse
1953, 58 Seiten, DM 11,—

HEFT 26
Techn.-Wissenschaftl. Büro für die Bastfaserindustrie, Bielefeld
Vergleichende Untersuchungen zweier neuzeitlicher Ungleichmäßigkeitsprüfer für Bänder und Garne hinsichtlich ihrer Eignung für die Bastfaserspinnerei
1953, 64 Seiten, 30 Abb., DM 12,50

HEFT 27
Prof. Dr. E. Schratz, Münster
Untersuchungen zur Rentabilität des Arzneipflanzenanbaues Römische Kamille, Anthemis nobilis L.
1953, 16 Seiten, 1 Tabelle, DM 3,60

HEFT 28
Prof. Dr. E. Schratz, Münster
Calendula officinalis L. Studien zur Ernährung, Blütenfüllung und Rentabilität der Drogengewinnung
1953, 24 Seiten, 2 Abb., 3 Tabellen, DM 5,20

HEFT 29
Techn.-Wissenschaftl. Büro für die Bastfaserindustrie, Bielefeld
Die Ausnützung der Leinengarne in Geweben
1953, 100 Seiten, 14 Abb., 10 Tabellen, DM 17,80

HEFT 30
Gesellschaft für Kohlentechnik mbH., Dortmund-Eving
Kombinierte Entaschung und Verschwelung von Steinkohle; Aufarbeitung von Steinkohlenschlämmen zu verkokbarer oder verschwelbarer Kohle
1953, 56 Seiten, 16 Abb., 10 Tabellen, DM 10,50

HEFT 31
Dipl.-Ing. A. Stormanns, Essen
Messung des Leistungsbedarfs von Doppelsteg-Kettenförderern
1954, 54 Seiten, 18 Abb., 3 Anlagen, DM 11,—

HEFT 32
Techn.-Wissenschaftl. Büro für die Bastfaserindustrie, Bielefeld
Der Einfluß der Natriumchloridbleiche auf Qualität und Verwebbarkeit von Leinengarnen und die Eigenschaften der Leinengewebe unter besonderer Berücksichtigung des Einsatzes von Schützen- und Spulenwechselautomaten in der Leinenweberei
1953, 64 Seiten, 2 Abb., 12 Tabellen, DM 11,50

HEFT 33
Kohlenstoffbiologische Forschungsstation e. V.
Eine Methode zur Bestimmung von Schwefeldioxyd und Schwefelwasserstoff in Rauchgasen und in der Atmosphäre
1953, 32 Seiten, 8 Abb., 3 Tabellen, DM 6,50

HEFT 34
Textilforschungsanstalt Krefeld
Quellungs- und Entquellungsvorgänge bei Faserstoffen
1953, 52 Seiten, 13 Abb., 13 Tabellen, DM 9,80

WESTDEUTSCHER VERLAG · KÖLN UND OPLADEN

HEFT 35
Professor Dr. W. Kast, Krefeld
Feinstrukturuntersuchungen an künstlichen Zellulosefasern verschiedener Herstellungsverfahren. Teil I: Der Orientierungszustand
1953, 74 Seiten, 30 Abb., 7 Tabellen, DM 13,80

HEFT 36
Forschungsinstitut der feuerfesten Industrie, Bonn
Untersuchungen über die Trocknung von Rohton
Untersuchungen über die chemische Reinigung von Silika- und Schamotte-Rohstoffen mit chlorhaltigen Gasen
1953, 60 Seiten, 5 Abb., 5 Tabellen, DM 11,—

HEFT 37
Forschungsinstitut der feuerfesten Industrie, Bonn
Untersuchungen über den Einfluß der Probenvorbereitung auf die Kaltdruckfestigkeit feuerfester Steine
1953, 40 Seiten, 2 Abb., 5 Tabellen, DM 7,80

HEFT 38
Forschungsstelle für Acetylen, Dortmund
Untersuchungen über die Trocknung von Acetylen zur Herstellung von Dissousgas
1953, 36 Seiten, 11 Abb., 3 Tabellen, DM 6,80

HEFT 39
Forschungsgesellschaft Blechverarbeitung e. V., Düsseldorf
Untersuchungen an prägegemusterten und vorgelochten Blechen
1953, 46 Seiten, 34 Abb., DM 9,50

HEFT 40
Landesgeologe Dr.-Ing. W. Wolff, Amt für Bodenforschung, Krefeld
Untersuchungen über die Anwendbarkeit geophysikalischer Verfahren zur Untersuchung von Spateisengängen im Siegerland
1953, 46 Seiten, 8 Abb., DM 8,80

HEFT 41
Techn.-Wissenschaftl. Büro für die Bastfaserindustrie, Bielefeld
Untersuchungsarbeiten zur Verbesserung des Leinenwebstuhles II
1953, 40 Seiten, 4 Abb., 5 Tabellen, DM 7,80

HEFT 42
Professor Dr. B. Helferich, Bonn
Untersuchungen über Wirkstoffe — Fermente — in der Kartoffel und die Möglichkeit ihrer Verwendung
1953, 58 Seiten, 9 Abb., DM 11,—

HEFT 43
Forschungsgesellschaft Blechverarbeitung e. V., Düsseldorf
Forschungsergebnisse über das Beizen von Blechen
1953, 48 Seiten, 38 Abb., 2 Tabellen, DM 11,30

HEFT 44
Arbeitsgemeinschaft für praktische Dehnungsmessung, Düsseldorf
Eigenschaften und Anwendungen von Dehnungsmeßstreifen
1953, 68 Seiten, 43 Abb., 2 Tabellen, DM 13,70

HEFT 45
Losenhausenwerk Düsseldorfer Maschinenbau AG., Düsseldorf
Untersuchungen von störenden Einflüssen auf die Lastgrenzenanzeige von Dauerschwingprüfmaschinen
1953, 36 Seiten, 11 Abb., 3 Tabellen, DM 7,25

HEFT 46
Prof. Dr. W. Fuchs, Aachen
Untersuchungen über die Aufbereitung von Wasser für die Dampferzeugung in Benson-Kesseln
1953, 58 Seiten, 18 Abb., 9 Tabellen, DM 11,20

HEFT 47
Prof. Dr.-Ing. K. Krekeler, Aachen
Versuche über die Anwendung der induktiven Erwärmung zum Sintern von hochschmelzenden Metallen sowie zur Anlegierung und Vergütung von aufgespritzten Metallschichten mit dem Grundwerkstoff
1954, 66 Seiten, 39 Abb., DM 13,90

HEFT 48
Max-Planck-Institut für Eisenforschung, Düsseldorf
Spektrochemische Analyse der Gefügebestandteile in Stählen nach ihrer Isolierung
1953, 38 Seiten, 8 Abb., 5 Tabellen, DM 7,80

HEFT 49
Max-Planck-Institut für Eisenforschung, Düsseldorf
Untersuchungen über Ablauf der Desoxydation und die Bildung von Einschlüssen in Stählen
1953, 52 Seiten, 19 Abb., 3 Tabellen, DM 12,40

HEFT 50
Max-Planck-Institut für Eisenforschung, Düsseldorf
Flammenspektralanalytische Untersuchung der Ferritzusammensetzung in Stählen
1953, 44 Seiten, 15 Abb., 4 Tabellen, DM 8,60

HEFT 51
Verein zur Förderung von Forschungs- und Entwicklungsarbeiten in der Werkzeugindustrie e. V., Remscheid
Untersuchungen an Kreissägeblättern für Holz, Fehler- und Spannungsprüfverfahren
1953, 50 Seiten, 23 Abb., DM 10,—

HEFT 52
Forschungsstelle für Acetylen, Dortmund
Untersuchungen über den Umsatz bei der explosiblen Zersetzung von Azetylen
  a) Zersetzung von gasförmigem Azetylen
  b) Zersetzung von an Silikagel absorbiertem Azetylen
1954, 48 Seiten, 8 Abb., 10 Tabellen, DM 9,25

HEFT 53
Professor Dr.-Ing. H. Opitz, Aachen
Reibwert und Verschleißmessungen an Kunststoffgleitführungen für Werkzeugmaschinen
1954, 38 Seiten, 18 Abb., DM 8,20

HEFT 54
Professor Dr.-Ing. F. A. F. Schmidt, Aachen
Schaffung von Grundlagen für die Erhöhung der spez. Leistung und Herabsetzung des spez. Brennstoffverbrauches bei Ottomotoren mit Teilbericht über Arbeiten an einem neuen Einspritzverfahren
1954, 34 Seiten, 15 Abb., DM 7,40

HEFT 55
Forschungsgesellschaft Blechverarbeitung e. V., Düsseldorf
Chemisches Glänzen von Messing und Neusilber
1954, 50 Seiten, 21 Abb., 1 Tabelle, DM 10,20

HEFT 56
Forschungsgesellschaft Blechverarbeitung e. V., Düsseldorf
Untersuchungen über einige Probleme der Behandlung von Blechoberflächen
1954, 52 Seiten, 42 Abb., DM 11,20

HEFT 57
Prof. Dr.-Ing. F. A. F. Schmidt, Aachen
Untersuchungen zur Erforschung des Einflusses des chemischen Aufbaues des Kraftstoffes auf sein Verhalten im Motor und in Brennkammern von Gasturbinen
1954, 70 Seiten, 32 Abb., DM 14,60

HEFT 58
Gesellschaft für Kohlentechnik mbH., Dortmund
Herstellung und Untersuchung von Steinkohlenschwelteer
1954, 74 Seiten, 9 Abb., 9 Tabellen, DM 13,75

HEFT 59
Forschungsinstitut der Feuerfest-Industrie e. V., Bonn
Ein Schnellanalysenverfahren zur Bestimmung von Aluminiumoxyd, Eisenoxyd und Titanoxyd in feuerfestem Material mittels organischer Farbreagenzien auf photometrischem Wege
Untersuchungen des Alkali-Gehaltes feuerfester Stoffe mit dem Flammenphotometer nach Riehm-Lange
1954, 62 Seiten, 12 Abb., 3 Tabellen, DM 11,60

HEFT 60
Forschungsgesellschaft Blechverarbeitung e. V., Düsseldorf
Untersuchungen über das Spritzlackieren im elektrostatischen Hochspannungsfeld
1954, 82 Seiten, 53 Abb., 7 Tabellen, DM 17,—

HEFT 61
Verein zur Förderung von Forschungs- und Entwicklungsarbeiten in der Werkzeugindustrie e. V., Remscheid
Schwingungs- und Arbeitsverhalten von Kreissägeblättern für Holz
1954, 54 Seiten, 31 Abb., DM 11,40

HEFT 62
Professor Dr. W. Franz, Institut für theoretische Physik der Universität Münster
Berechnung des elektrischen Durchschlags durch feste und flüssige Isolatoren
1954, 36 Seiten, DM 7,—

HEFT 63
Textilforschungsanstalt Krefeld
Neue Methoden zur Untersuchung der Wirkungsweise von Textilhilfsmitteln
Untersuchungen über Schlichtungs- und Entschlichtungsvorgänge
1954, 34 Seiten, 1 Abb., 5 Tabellen, DM 6,80

HEFT 64
Textilforschungsanstalt Krefeld
Die Kettenlängenverteilung von hochpolymeren Faserstoffen
Über die fraktionierte Fällung von Polyamiden
1954, 44 Seiten, 13 Abb., DM 8,60

HEFT 65
Fachverband Schneidwarenindustrie, Solingen
Untersuchungen über das elektrolytische Polieren von Tafelmesserklingen aus rostfreiem Stahl
1954, 90 Seiten, 38 Abb., 9 Tabellen, DM 17,35

HEFT 66
Dr.-Ing. P. Füsgen VDI †, Düsseldorf
Untersuchungen über das Auftreten des Ratterns bei selbsthemmenden Schneckengetrieben und seine Verhütung
1954, 32 Seiten, 5 Abb., DM 6,60

HEFT 67
Heinrich Wösthoff o. H. G., Apparatebau, Bochum
Entwicklung einer chemisch-physikalischen Apparatur zur Bestimmung kleinster Kohlenoxyd-Konzentrationen
1954, 94 Seiten, 48 Abb., 2 Tabellen, DM 18,25

HEFT 68
Kohlenstoffbiologische Forschungsstation e. V., Essen
Algengroßkulturen im Sommer 1952
II. Über die unsterile Großkultur von Scenedesmus obliquus
1954, 62 Seiten, 3 Abb., 29 Tabellen, DM 11,40

HEFT 69
Wäschereiforschung Krefeld
Bestimmung der Faserabbaues bei Leinen unter besonderer Berücksichtigung der Leinengarnbleiche
1954, 48 Seiten, 15 Abb., 3 Tabellen, DM 9,60

HEFT 70
Wäschereiforschung Krefeld
Trocknen von Wäschestoffen
1954, 52 Seiten, 18 Abb., 3 Tabellen, DM 10,—

HEFT 71
Prof. Dr.-Ing. K. Leist, Aachen
Kleingasturbinen, insbesondere zum Fahrzeugantrieb
1954, 114 Seiten, 85 Abb., DM 22,—

HEFT 72
Prof. Dr.-Ing. K. Leist, Aachen
Beitrag zur Untersuchung von stehenden geraden Turbinengittern mit Hilfe von Druckverteilungsmessungen
1954, 152 Seiten, 111 Abb., DM 36,20

HEFT 73
Prof. Dr.-Ing. K. Leist, Aachen
Spannungsoptische Untersuchungen von Turbinenschaufelfüßen
1954, 66 Seiten, 46 Abb., 2 Tabellen, DM 14,60

HEFT 74
Max-Planck-Institut für Eisenforschung, Düsseldorf
Versuche zur Klärung des Umwandlungsverhaltens eines sonderkarbidbildenden Chromstahls
1954, 58 Seiten, 10 Abb., DM 14,—

HEFT 75
Max-Planck-Institut für Eisenforschung, Düsseldorf
Zeit-Temperatur-Umwandlungs-Schaubilder als Grundlage der Wärmebehandlung der Stähle
1954, 44 Seiten, 13 Abb., DM 8,70

HEFT 76
Max-Planck-Institut für Arbeitsphysiologie, Dortmund
Arbeitstechnische und arbeitsphysiologische Rationalisierung von Mauersteinen
1954, 52 Seiten, 12 Abb., 3 Tabellen, DM 10,20

HEFT 77
Meteor Apparatebau Paul Schmeck GmbH., Siegen
Entwicklung von Leuchtstoffröhren hoher Leistung
1954, 46 Seiten, 12 Abb., 2 Tabellen, DM 9,15

HEFT 78
Forschungsstelle für Acetylen, Dortmund
Über die Zustandsgleichung des gasförmigen Acetylens und das Gleichgewicht Acetylen — Aceton
1954, 42 Seiten, 3 Abb., 8 Tabellen, DM 8,—

HEFT 79
Techn.-Wissenschaftl. Büro für die Bastfaserindustrie, Bielefeld
Trocknung von Leinengarnen III
Spinnspulen- und Spinnkopstrocknung
Vorgang und Einwirkung auf die Garnqualität
1954, 74 Seiten, 18 Abb., 10 Tabellen, DM 14,—

WESTDEUTSCHER VERLAG · KÖLN UND OPLADEN

HEFT 80
Techn.-Wissenschaftl. Büro für die Bastfaserindustrie, Bielefeld
Die Verarbeitung von Leinengarn auf Webstühlen mit und ohne Oberbau
1954, 30 Seiten, 2 Abb., 2 Tabellen, DM 6,—

HEFT 81
Prüf- und Forschungsinstitut für Ziegeleierzeugnisse, Essen-Kray
Die Einführung des großformatigen Einheits-Gitterziegels im Lande Nordrhein-Westfalen
1954, 54 Seiten, 2 Abb., 2 Tabellen, DM 10,—

HEFT 82
Vereinigte Aluminium-Werke AG., Bonn
Forschungsarbeiten auf dem Gebiet der Veredelung von Aluminium-Oberflächen
1954, 46 Seiten, 34 Abb., DM 9,60

HEFT 83
Prof. Dr. S. Strugger, Münster
Über die Struktur der Proplastiden
1954, 30 Seiten, 15 Abb., DM 8,40

HEFT 84
Dr. H. Baron, Düsseldorf
Über Standardisierung von Wundtextilien
1954, 32 Seiten, DM 6,40

HEFT 85
Textilforschungsanstalt Krefeld
Physikalische Untersuchungen an Fasern, Fäden, Garnen und Geweben:
Untersuchungen am Knickscheuergerät nach Weltzien
1954, 40 Seiten, 11 Abb., 8 Tabellen, DM 10,—

HEFT 86
Prof. Dr.-Ing. H. Opitz, Aachen
Untersuchungen über das Fräsen von Baustahl sowie über den Einfluß des Gefüges auf die Zerspanbarkeit
1954, 108 Seiten, 73 Abb., 7 Tabellen, DM 22,—

HEFT 87
Gemeinschaftsausschuß Verzinken, Düsseldorf
Untersuchungen über Güte von Verzinkungen
1954, 68 Seiten, 56 Abb., 3 Tabellen, DM 15,30

HEFT 88
Gesellschaft für Kohlentechnik mbH., Dortmund-Eving
Oxydation von Steinkohle mit Salpetersäure
1954, 62 Seiten, 2 Abb., 1 Tabelle, DM 11,50

HEFT 89
Verein Deutscher Ingenieure, Gleitlagerforschung, Düsseldorf und Prof. Dr.-Ing. G. Vogelpohl, Göttingen
Versuche mit Preßstoff-Lagern für Walzwerke
1954, 70 Seiten, 34 Abb., DM 14,10

HEFT 90
Forschungs-Institut der Feuerfest-Industrie, Bonn
Das Verhalten von Silikasteinen im Siemens-Martin-Ofengewölbe
1954, 62 Seiten, 15 Abb., 11 Tabellen, DM 11,90

HEFT 91
Forschungs-Institut der Feuerfest-Industrie, Bonn
Untersuchungen des Zusammenhangs zwischen Leistung und Kohlenverbrauch von Kammeröfen zum Brennen von feuerfesten Materialien
1954, 42 Seiten, 6 Abb., DM 8,30

HEFT 92
Techn.-Wissenschaftl. Büro für die Bastfaserindustrie, Bielefeld und Laboratorium für textile Meßtechnik, M.-Gladbach
Messungen von Vorgängen am Webstuhl
1954, 76 Seiten, 45 Abb., DM 15,50

HEFT 93
Prof. Dr. W. Kast, Krefeld
Spinnversuche zur Strukturerfassung künstlicher Zellulosefasern
1954, 82 Seiten, 39 Abb., 6 Tabellen, DM 16,—

HEFT 94
Prof. Dr. G. Winter, Bonn
Die Heilpflanzen des MATTHIOLUS (1611) gegen Infektionen der Harnwege und Verunreinigung der Wunden bzw. zur Förderung der Wundheilung im Lichte der Antibiotikaforschung
1954, 58 Seiten, 1 Abb., 2 Tabellen, DM 11,50

HEFT 95
Prof. Dr. G. Winter, Bonn
Untersuchungen über die flüchtigen Antibiotika aus der Kapuziner- (Tropaeolum maius) und Gartenkresse (Lepidium sativum) und ihr Verhalten im menschlichen Körper bei Aufnahme von Kapuziner- bzw. Gartenkressensalat per os
1955, 74 Seiten, 9 Abb., 25 Tabellen, DM 14,—

HEFT 96
Dr.-Ing. P. Koch, Dortmund
Austritt von Exoelektronen aus Metalloberflächen unter Berücksichtigung der Verwendung des Effektes für die Materialprüfung
1954, 34 Seiten, 13 Abb., DM 7,—

HEFT 97
Ing. H. Stein, Laboratorium für textile Meßtechnik, M.-Gladbach
Untersuchung der Verzugsvorgänge an den Streckwerken verschiedener Spinnereimaschinen
2. Bericht: Ermittlung der Haft-Gleiteigenschaften von Faserbändern und Vorgarnen
1955, 98 Seiten, 54 Abb., DM 21,—

HEFT 98
Fachverband Gesenkschmieden, Hagen
Die Arbeitsgenauigkeit beim Gesenkschmieden unter Hämmern
1955, 132 Seiten, 55 Abb., 9 Tabellen, DM 24,75

HEFT 99
Prof. Dr.-Ing. G. Garbotz, Aachen
Der Kraft- und Arbeitsaufwand sowie die Leistungen beim Biegen von Bewehrungsstählen in Abhängigkeit von den Abmessungen, den Formen und der Güte der Stähle (Ermittlung von Leistungsrichtlinien)
1955, 136 Seiten, 53 Abb., 3 Anlagen, 18 Tabellen, DM 30,—

HEFT 100
Prof. Dr.-Ing. H. Opitz, Aachen
Untersuchungen von elektrischen Antrieben, Steuerungen und Regelungen an Werkzeugmaschinen
1955, 166 Seiten, 71 Abb., 3 Tabellen, DM 31,30

HEFT 101
Prof. Dr.-Ing. H. Opitz, Aachen
Wirtschaftlichkeitsbetrachtungen beim Außenrundschleifen
1955, 100 Seiten, 56 Abb., 3 Tabellen, DM 19,30

HEFT 102
Dr. P. Hölemann, Ing. R. Hasselmann und Ing. G. Dix, Dortmund
Untersuchungen über die thermische Zündung von explosiblen Acetylenzersetzungen in Kapillaren
1954, 44 Seiten, 5 Abb., 4 Tabellen, DM 8,60

HEFT 103
Prof. Dr. W. Weizel, Bonn
Durchführung von experimentellen Untersuchungen über den zeitlichen Ablauf von Funken in komprimierten Edelgasen sowie zu deren mathematischen Berechnung
1955, 46 Seiten, 12 Abb., DM 9,10

HEFT 104
Prof. Dr. W. Weizel, Bonn
Über den Einfluß der Elektroden auf die Eigenschaften von Cadmium-Sulfid-Widerstands-Photozellen
1955, 48 Seiten, 12 Abb., DM 9,45

HEFT 105
Dr.-Ing. R. Meldau, Harsewinkel/Westf.
Auswertung von Gekörn — Analysen des Musterstaubes „Flugasche Fortuna I"
1955, 42 Seiten, 14 Abb., DM 8,50

HEFT 106
ORR. Dr.-Ing. W. Küch, Dortmund
Untersuchungen über die Einwirkung von feuchtigkeitsgesättigter Luft auf die Festigkeit von Leimverbindungen
1954, 60 Seiten, 10 Abb., 6 Tabellen, DM 11,40

HEFT 107
Prof. Dr. H. Lange und Dipl.-Phys. P. St. Pütter, Köln
Über die Konstruktion von Laboratoriumsmagneten
1955, 66 Seiten, 19 Abb., 1 Tabelle, DM 12,30

HEFT 108
Prof. Dr. W. Fuchs, Aachen
Untersuchungen über neue Beizmethoden und Beizabwässer
I. Die Entzunderung von Drähten mit Natriumhydrid
II. Die Aufbereitung von Beizabwässern
1955, 82 S., 15 Abb., 14 Tabellen, 1 Falttafel, DM 15,25

HEFT 109
Dr. P. Hölemann und Ing. R. Hasselmann, Dortmund
Untersuchungen über die Löslichkeit von Azetylen in verschiedenen organischen Lösungsmitteln
1954, 42 Seiten, 10 Abb., 8 Tabellen, DM 8,30

HEFT 110
Dr. P. Hölemann und Ing. R. Hasselmann, Dortmund
Untersuchungen über den Druckverlauf bei der explosiblen Zersetzung von gasförmigem Azetylen
1955, 54 Seiten, 10 Abb., 5 Tabellen, DM 11,—

HEFT 111
Fachverband Steinzeugindustrie, Köln
Die Entwicklung eines Gerätes zur Beschickung seitlicher Feuer von Steinzeug-Einzelkammeröfen mit festen Brennstoffen
1955, 46 Seiten, 16 Abb., DM 9,40

HEFT 112
Prof. Dr.-Ing. H. Opitz, Aachen
Verschleißmessungen beim Drehen mit aktivierten Hartmetallwerkzeugen
1954, 44 Seiten, 17 Abb., 6 Tabellen, DM 8,80

HEFT 113
Prof. Dr. O. Graf, Dortmund
Erforschung der geistigen Ermüdung und nervösen Belastung: Studien über die vegetative 24-Stunden-Rhythmik in Ruhe und unter Belastung
1955, 40 Seiten, 12 Abb., DM 8,20

HEFT 114
Prof. Dr. O. Graf, Dortmund
Studien über Fließarbeitsprobleme an einer praxisnahen Experimentieranlage
1954, 34 Seiten, 6 Abb., DM 7,—

HEFT 115
Prof. Dr. O. Graf, Dortmund
Studium über Arbeitspausen in Betrieben bei freier und zeitgebundener Arbeit (Fließarbeit) und ihre Auswirkung auf die Leistungsfähigkeit
1955, 50 Seiten, 13 Abb., 2 Tabellen, DM 9,80

HEFT 116
Prof. Dr.-Ing. E. Siebel und Dr.-Ing. H. Weiss, Stuttgart
Untersuchungen an einigen Problemen des Tiefziehens — I. Teil
1955, 74 Seiten, 50 Abb., 5 Tabellen, DM 14,50

HEFT 117
Dr.-Ing. H. Beißwänger, Stuttgart, und Dr.-Ing. S. Schwandt, Trier
Untersuchungen an einigen Problemen des Tiefziehens — II. Teil
1955, 92 Seiten, 34 Abb., 8 Tabellen, DM 17,70

HEFT 118
Prof. Dr. E. A. Müller und Dr. H. G. Wenzel, Dortmund
Neuartige Klima-Anlage zur Erzeugung ungleicher Luft- und Strahlungstemperaturen in einem Versuchsraum
1955, 68 Seiten, 10 z. T. mehrfarb. Abb., DM 14,—

HEFT 119
Dr.-Ing. O. Viertel, Krefeld
Wäscherei- und energietechnische Untersuchung einer Gemeinschafts-Waschanlage
1955, 50 Seiten, 18 Abb., DM 10,20

HEFT 120
Dipl.-Ing. A. Weisbecker, Lüdenscheid
Über Anfressung an Reinstaluminium-Schweißnähten bei der elektrolytischen Oxydation
Gebr. Hörstermann GmbH., Velbert
Entwicklung und Erprobung eines neuartigen Gummibandförderers
1955, 46 Seiten, 18 Abb., DM 9,70

HEFT 121
Dr. H. Krebs, Bonn
I. Die Struktur und die Eigenschaften der Halbmetalle
II. Die Bestimmung der Atomverteilung in amorphen Substanzen
III. Die chemische Bindung in anorganischen Festkörpern und das Entstehen metallischer Eigenschaften
1955, 124 Seiten, 36 Abb., 13 Tabellen, DM 22,90

HEFT 122
Prof. Dr. W. Fuchs, Aachen
Untersuchungen zur Verbesserung der Wasseraufbereitung und Wasseranalyse:
Über die Schnellbewertung von Ionenaustauscher
1955, 62 Seiten, 32 Abb., DM 12,30

HEFT 123
Dipl.-Ing. J. Emondts, Aachen
Über Bodenverformungen bei stark gestörtem und mächtigem, wasserführendem Deckgebirge im Aachener Steinkohlengebiet
1955, 196 Seiten, 37 Abb., 10 Tabellen, DM 28,80

HEFT 124
Prof. Dr. R. Seyffert, Köln
Wege und Kosten der Distribution der Hausratwaren im Lande Nordrhein-Westfalen
1955, 74 Seiten, 25 Tabellen, DM 9,—

WESTDEUTSCHER VERLAG · KÖLN UND OPLADEN

HEFT 125
Prof. Dr. E. Kappler, Münster
Eine neue Methode zur Bestimmung von Kondensations-Koeffizienten von Wasser
1955, 46 Seiten, 11 Abb., 1 Tabelle, DM 9,10

HEFT 126
Prof. Dr.-Ing. J. Mathieu, Aachen
Arbeitszeitvergleich
Grundlagen, Methodik und praktische Durchführung
1955, 70 Seiten, DM 13,—

HEFT 127
Güteschutz Betonstein e. V., Arbeitskreis Nordrhein-Westfalen, Dortmund
Die Betonwaren-Gütesicherung im Lande Nordrhein-Westfalen
1955, 58 Seiten, 15 Abb., 3 Tabellen, DM 11,50

HEFT 128
Prof. Dr. O. Schmitz-DuMont, Bonn
Untersuchungen über Reaktionen in flüssigem Ammoniak
1955, 96 Seiten, 11 Abb., 6 Tabellen, DM 17,75

HEFT 129
Prof. Dr.-Ing. J. Mathieu und Dr. C. A. Roos, Aachen
Die Anlernung von Industriearbeitern
I. Ergebnisse einer grundsätzlichen Untersuchung der gegenwärtigen Industriearbeiter-Kurzanlernung
1955, 106 Seiten, DM 19,70

HEFT 130
Prof. Dr.-Ing. J. Mathieu und Dr. C. A. Roos, Aachen
Die Anlernung von Industriearbeitern
II. Beiträge zur Methodenfrage der Kurzanlernung
1955, 108 Seiten, DM 19,90

HEFT 131
Dr. W. Hoerburger, Köln
Versuche zur Biosynthese von Eiweiß aus Kohlenwasserstoff
1955, 34 Seiten, 2 Abb. DM 6,90

HEFT 132
Prof. Dr. W. Seith, Münster
Über Diffusionserscheinungen in festen Metallen
1955, 42 Seiten, 19 Abb., 4 Tabellen, DM 9,10

HEFT 133
Prof. Dr. E. Jenckel, Aachen
Über einen für Schwermetalle selektiven Ionenaustauscher
1955, 48 Seiten, 8 Abb., 13 Tabellen, DM 9,50

HEFT 134
Prof. Dr.-Ing. H. Winterhager, Aachen
Über die elektrochemischen Grundlagen der Schmelzfluß-Elektrolyse von Bleisulfid in geschmolzenen Mischungen mit Bleichlorid
1955, 54 Seiten, 20 Abb., 5 Tabellen, DM 11,80

HEFT 135
Prof. Dr.-Ing. K. Krekeler und Dr.-Ing. H. Peukert, Aachen
Die Änderung der mechanischen Eigenschaften thermoplastischer Kunststoffe durch Warmrecken
1955, 54 Seiten, 27 Abb., DM 11,10

HEFT 136
Dipl.-Phys. P. Pilz, Remscheid
Über spezielle Probleme der Zerkleinerungstechnik von Weichstoffen
1955, 58 Seiten, 19 Abb., 2 Tabellen, DM 11,50

HEFT 137
Prof. Dr. W. Baumeister, Münster
Beiträge zur Mineralstoffernährung der Pflanzen
1955, 64 Seiten, 6 Tabellen, DM 11,80

HEFT 138
Dr. P. Hölemann und Ing. R. Hasselmann, Dortmund
Untersuchungen über die Zersetzungswärme von gasförmigem und in Azeton gelöstem Azetylen
1955, 54 Seiten, 8 Abb., 7 Tabellen, DM 10,40

HEFT 139
Prof. Dr. W. Fuchs, Aachen
Studien über die thermische Zersetzung der Kohle und die Kohlendestillatprodukte
1955, 64 Seiten, 20 Abb., 22 Tabellen, DM 11,80

HEFT 140
Dr.-Ing. G. Hausberg, Essen
Modellversuche an Zyklonen
1955, 78 Seiten, 24 Abb., DM 15,70

HEFT 141
Dr. J. van Calker und Dr. R. Wienecke, Münster
Untersuchungen über den Einfluß dritter Analysenpartner auf die spektrochemische Analyse
1955, 42 Seiten, 15 Abb., DM 9,10

HEFT 142
Dipl.-Ing. G. M. F. Wiebel, Hannover, A. Konermann und A. Ottenheym, Sennelager
Entwicklung eines Kalksandleichtsteines
1955, 38 Seiten, 4 Abb., DM 8,—

HEFT 143
Prof. Dr. F. Wever, Dr. A. Rose und Dipl.-Ing. W. Straßburg, Düsseldorf
Härtbarkeit und Umwandlungsverhalten der Stähle
1955, 50 Seiten, 12 Abb., 3 Tabellen, DM 10,70

HEFT 144
Prof. Dr. H. Wurmbach, Bonn
Steuerung von Wachstum und Formbildung
1955, 48 Seiten, 19 Abb., DM 10,30

HEFT 145
Dr. G. Hennemann, Werdohl (Westf.)
Beitrag zur Interpretation der modernen Atomphysik
1955, 34 Seiten, DM 10,—

HEFT 146
Dr.-Ing. F. Gruß, Düsseldorf
Sterilisation mit Heißluft
1955, 34 Seiten, 10 Abb., DM 7,70

HEFT 147
Dr.-Ing. W. Rudisch, Unna
Untersuchung einer drehelastischen Elektromagnet-Synchronkupplung
1955, 82 Seiten, 65 Abb., DM 17,70

HEFT 148
Prof. Dr. H. Bittel u. Dipl.-Phys. L. Storm, Münster
Untersuchungen über Widerstandsrauschen
1955, 40 Seiten, 5 Abb., DM 8,40

HEFT 149
Dipl.-Ing. K. Konopicky und Dipl.-Chem. P. Kampa, Bonn
I. Beitrag zur flammenphotometrischen Bestimmung des Calciums.
Dr.-Ing. K. Konopicky, Bonn
II. Die Wanderung von Schlackenbestandteilen in feuerfesten Baustoffen
1955, 54 Seiten, 10 Abb., 5 Tabellen, DM 11,—

HEFT 150
Prof. Dr.-Ing. O. Kienzle und Dipl.-Ing. W. Timmerbeil, Hannover
Das Durchziehen enger Kragen an ebenen Fein- und Mittelblechen
1955, 52 Seiten, 20 Abb., 8 Tabellen, DM 11,30

HEFT 151
Dipl.-Ing. P. Karabasch, Aachen
Feststellung des optimalen Gasgehaltes von Bronzen zur Erzielung druckdichter Gußstücke
1956, 64 Seiten, 31 Abb., 5 Tabellen, DM 13,90

HEFT 152
Dipl.-Ing. G. Müller, Köln
Ermittlung der Laufeigenschaften (Vergießbarkeit) von Bronze und Rotguß mittels der Schneider-Gießspirale
1955, 60 Seiten, 33 Abb., DM 13,30

HEFT 153
Prof. Dr. F. Wever, Dr.-Ing. W. A. Fischer und Dipl.-Ing. J. Engelbrecht, Düsseldorf
I. Die Reduktion sauerstoffhaltiger Eisenschmelzen im Hochvakuum mit Wasserstoff und Kohlenstoff
II. Einfluß geringer Sauerstoffgehalte auf das Gefüge und Alterungsverhalten von Reineisen
1955, 54 Seiten, 15 Abb., 2 Tabellen, DM 12,40

HEFT 154
Prof. Dr.-Ing. P. Bardenheuer und Dr.-Ing. W. A. Fischer, Düsseldorf
Die Verschlackung von Titan aus Stahlschmelzen im sauren und basischen Hochfrequenzofen unter verschiedenen Schlacken
1955, 36 Seiten, 10 Abb., 1 Tabelle, DM 7,95

HEFT 155
Dipl.-Phys. K. H. Schirmer, München
Die auf Grau abgestimmte Farbwiedergabe im Dreifarbenbuchdruck
1955, 46 Seiten, 17 Abb., 2 Farbtafeln, DM 10,—

HEFT 156
Prof. Dr.-Ing. B. von Borries und Mitarbeiter, Düsseldorf
Die Entwicklung regelbarer permanentmagnetischer Elektronenlinsen hoher Brechkraft und eines mit ihnen ausgerüsteten Elektronenmikroskopes neuer Bauart
1956, 102 Seiten, 52 Abb., DM 22,55

HEFT 157
Dr. W. Jawtusch, Dr. G. Schuster und Prof. Dr.-Ing. R. Jaeckel, Bonn
Untersuchungen über die Stoßvorgänge zwischen neutralen Atomen und Molekülen
1955, 48 Seiten, 15 Abb., 3 Tabellen, DM 10,50

HEFT 158
Dipl.-Ing. W. Rosenkranz, Meinerzhagen
Ein Beitrag zum Problem der Spannungskorrosion bei Preßprofilen und Preßteilen aus Aluminium-Legierungen
1956, 112 Seiten, 61 Abb., 5 Tabellen, DM 27,40

HEFT 159
Dr.-Ing. O. Viertel und O. Oldenroth, Krefeld
Das Bleichen von Weißwäsche mit Wasserstoffsuperoxyd bzw. Natriumhypochlorit beim maschinellen Waschen
1955, 54 Seiten, 23 Abb., 2 Tabellen, DM 11,45

HEFT 160
Prof. Dr. W. Klemm, Münster
Über neue Sauerstoff- und Fluor-haltige Komplexe
1955, 50 Seiten, 13 Abb., 7 Tabellen, DM 10,80

HEFT 161
Prof. Dr. W. Weltzien und Dr. G. Hauschild, Krefeld
Über Silikone und ihre Anwendung in der Textilveredlung
1955, 162 Seiten, 22 Abb., 10 Tabellen, DM 27,—

HEFT 162
Prof. Dr. F. Wever, Prof. Dr. A. Kochendörfer und Dr.-Ing. Chr. Rohrbach, Düsseldorf
Kennzeichnung der Sprödbruchneigung von Stählen durch Messung der Fließspannung, Reißspannung und Brucheinschnürung an dreiachsig beanspruchten Proben
1955, 58 Seiten, 26 Abb., DM 13,—

HEFT 163
Dipl.-Ing. W. Rohs und Text.-Ing. H. Griese, Bielefeld
Untersuchungsarbeiten zur Verbesserung des Leinenwebstuhls III
1955, 80 Seiten, 15 Abb., 18 Tabellen, DM 15,80

HEFT 164
Dr.-Ing. H. Schmachtenberg, Köln
Neuartige Prüfeinrichtungen für Kraftfahrzeuge
1955, 44 Seiten, 23 Abb., DM 9,60

HEFT 165
Dr.-Ing. W. Wilhelm, Aachen
Instationäre Gasströmung im Auspuffsystem eines Zweitaktmotors
1955, 62 Seiten, 31 Abb., 8 Tabellen, DM 13,60

HEFT 166
Prof. Dr. M. v. Stackelberg, Dr. H. Heindze, Dr. H. Hübschke und Dr. K. H. Frangen, Bonn
Kolloidchemische Untersuchungen
1955, 106 Seiten, 8 Abb., 13 Tabellen, DM 21,25

HEFT 167
Prof. Dr.-Ing. F. Schuster, Essen
I. Über die Heißkarburierung von Brenngasen mit Ölen und Teeren
II. Die Strahlungsvorgänge in brennstoffbeheizten Öfen bei verschiedenen Verbrennungsatmosphären
1955, 38 Seiten, 8 Abb., DM 8,30

HEFT 168
Prof. Dr.-Ing. F. Schuster, Essen
I. Luftvorwärmung an Gasfeuerungen
II. Heizwerthöhe von Brenngasen und Wirkungsgrad sowie Gasverbrauch bei der Gasverwendung
III. Sauerstoffangereicherte Luft und feuerungstechnische Kenngrößen von Brenngasen
1955, 60 Seiten, 18 Abb., DM 12,50

HEFT 169
Forschungsinstitut für Pigmente und Lacke, Stuttgart
Arbeiten über die Bestimmung des Gebrauchswertes von Lackfilmen durch physikalische Prüfungen
1955, 70 Seiten, 23 Abb., 4 Tabellen, DM 15,—

HEFT 170
Prof. Dr. F. Wever, Dr. A. Rose und Dipl.-Ing L. Rademacher, Düsseldorf
Anwendung der Umwandlungsschaubilder auf Fragen der Werkstoffauswahl beim Schweißen und Flammhärten
1955, 64 Seiten, 25 Abb., DM 13,70

HEFT 171
Wäschereiforschung Krefeld
Untersuchung der Wäscheentwässerung mit Hilfe von Zentrifugen und Pressen
1955, 42 Seiten, 16 Abb., 4 Tabellen, DM 9,70

HEFT 172
Dipl.-Ing. W. Rohs, Dr.-Ing. G. Satlow und Text.-Ing. G. Heller, Bielefeld
Trocknung von Hanfgarnen. Kreuzspultrocknung
1955, 60 Seiten, 7 Abb., 4 Tabellen, DM 10,30

HEFT 173
Prof. Dr. R. Hosemann und Dipl.-Phys. G. Schoknecht, Berlin, vorgelegt von Prof. Dr. W. Kast, Krefeld
Lichtoptische Herstellung und Diskussion der Faltungsquadrate parakristalliner Gitter
1956, 108 Seiten, 63 Abb., 6 Tabellen, DM 24,70

HEFT 174
Prof. Dr. W. von Fragstein, Dr. J. Meingast und H. Hoch, Köln
Herstellung von Solen einheitlicher Teilchengröße und Ermittlung ihrer optischen Eigenschaften
1955, 78 Seiten, 80 Abb., 4 Tabellen, DM 18,25

HEFT 175
Dr.-Ing. H. Zeller, Aachen
Beitrag zur eindimensionalen stationären und nichtstationären Gasströmung mit Reibung und Wärmeleitung, insbesondere in Rohren mit unstetigen Querschnittsänderungen.
1956, 138 Seiten, 56 Abb., DM 29,30

HEFT 176
Dipl.-Ing. H. Schöberl, Duisburg
Über die Methoden zur Ermittlung der Verbrennungstemperatur von Brennstoffen und ein Vorschlag zu ihrer Verbesserung
1955, 30 Seiten, 3 Abb., DM 6,50

HEFT 177
Dipl.-Ing. H. Stüdemann, Solingen, und Dr.-Ing. W. Müchler, Essen
Entwicklung eines Verfahrens zur zahlenmäßigen Bestimmung der Schneideigenschaften von Messerklingen
1956, 104 Seiten, 68 Abb., 4 Tabellen, DM 22,20

HEFT 178
Prof. Dr. M. von Stackelberg u. Dr. W. Hans, Bonn
Untersuchungen zur Ausarbeitung und Verbesserung von polarographischen Analysenmethoden
1955, 46 Seiten, 14 Abb., 4 Tabellen, DM 10,50

HEFT 179
Dipl.-Ing. H. F. Reineke, Bochum
Entwicklungsarbeiten auf dem Gebiete der Meß- und Regeltechnik
1955, 46 Seiten, 10 Abb., DM 10,—

HEFT 180
Dr.-Ing. W. Piepenburg, Dipl.-Ing. B. Bühling und Bauing. J. Behnke, Köln
Putzarbeiten im Hochbau und Versuche mit aktiviertem Mörtel und mechanischem Mörtelauftrag
1955, 116 Seiten, 31 Abb., 68 Tabellen, DM 23,—

HEFT 181
Prof. Dr. W. Franz, Münster
Theorie der elektrischen Leitvorgänge in Halbleitern und isolierenden Festkörpern bei hohen elektrischen Feldern
1955, 28 Seiten, 2 Abb., 1 Tabelle, DM 6,20

HEFT 182
Dr.-Ing. P. Schenk u. Dr. K. Osterloh, Düsseldorf
Katalytisch-thermische Spaltung von gasförmigen und flüssigen Kohlenwasserstoffen zur Spitzengaserzeugung
1955, 50 Seiten, 11 Abb., 11 Tabellen, DM 10,90

HEFT 183
Dr. W. Bornheim, Köln
Entwicklungsarbeiten an Flaschen- und Ampullen-Behandlungsmaschinen für die pharmazeutische Industrie
1956, 48 Seiten, 24 Abb., DM 11,70

HEFT 184
Dr.-Ing. E. Printz, Kettwig
Vollhydraulische Parallel-Kupplung für Ackerschlepper
1955, 32 Seiten, 4 Abb., DM 7,80

HEFT 185
Dipl.-Ing. W. Rohs und Text.-Ing. G. Heller, Bielefeld
Studien an einem neuzeitlichen Kreuzspultrockner für Bastfasergarne mit Wiederbefeuchtungszone
1955, 52 Seiten, 9 Abb., 3 Tabellen, DM 10,70

HEFT 186
Dr. E. Wedekind, Krefeld
Untersuchungen zur Arbeitsbestgestaltung bei der Fertigstellung von Oberhemden in gewerblichen Wäschereien
1955, 124 Seiten, 28 Abb., 6 Tabellen, 2 Falttaf., DM 12,—

HEFT 187
Dipl.-Ing. F. Göttgens, Essen
Über die Eigenarten der Bimetall-, Thermo- und Flammenionisationssicherungsmethode in ihrer Anwendung auf Zündsicherungen
1955, 40 Seiten, 6 Abb., 4 Tabellen, DM 8,40

HEFT 188
W. Kinnebrock, Langenberg (Rhld.)
Der Einfluß des Austausches gleicher Gaskochbrenner bzw. Gaskochbrennerteile auf den Wirkungsgrad und insbesondere auf den CO-Gehalt der Verbrennungsgase
1955, 42 Seiten, 7 Tabellen, DM 8,70

HEFT 189
Fa. E. Leybold's Nachfolger, Köln
I. Ausgewählte Kapitel aus der Vakuumtechnik
II. Zum Verlust anorganisch-nichtflüchtiger Substanzen während der Gefriertrocknung
1955, 52 Seiten, 16 Abb., 3 Tabellen, DM 11,20

HEFT 190
Prof. Dr. A. Neuhaus, Prof. Dr. O. Schmitz-DuMont und Dipl.-Chem. H. Reckhard, Bonn
Zur Kenntnis der Alkalititanate
1955, 60 Seiten, 13 Abb., 1 Tabelle, DM 12,20

HEFT 191
Dr. H. Söhngen, Darmstadt
Schwingungsverhalten eines Schaufelkranzes im Vakuum
1955, 36 Seiten, 7 Abb., DM 7,80

HEFT 192
Dipl.-Phys. E. M. Schneider, München
Kohlebogenlampen für Aufnahme und Kopie
1955, 48 Seiten, 21 Abb., 3 Tabellen, DM 10,60

HEFT 193
Prof. Dr. O. Schmitz-DuMont, Bonn
Untersuchungen über neue Pigmentfarbstoffe
1956, 50 Seiten, 16 Abb., 8 Tabellen, DM 11,20

HEFT 194
Dr. K. Hecht, Köln
Entwicklung neuartiger physikalischer Unterrichtsgeräte
1955, 42 Seiten, 16 Abb., DM 9,90

HEFT 195
Dr.-Ing. E. Rößger, Köln
Gedanken über einen neuen deutschen Luftverkehr
1955, 342 Seiten, 29 Abb., 122 Tabellen, DM 50,—

HEFT 196
Dipl.-Ing. W. Rohs und Text.-Ing. H. Griese, Bielefeld
Auswirkungen von Garnfehlern bei der Verarbeitung von Leinengarnen
1955, 36 Seiten, 3 Abb., 6 Tabellen, DM 7,80

HEFT 197
Dr. E. Wedekind, Krefeld
Untersuchungen zur Bestimmung der optimalen Arbeitsplatzgröße bei Mehrstuhlarbeit in der Weberei
1955, 92 Seiten, 34 Abb., 3 Tabellen, DM 18,50

HEFT 198
Prof. Dr. J. Weissinger, Karlsruhe
Zur Aerodynamik des Ringflügels. Die Druckverteilung dünner, fast drehsymmetrischer Flügel in Unterschallströmung
1955, 42 Seiten, 5 Abb., DM 9,—

HEFT 199
Textilforschungsanstalt Krefeld
Die Messung von Gewebetemperaturen mittels Temperaturstrahlung
1955, 50 Seiten, 12 Abb., DM 10,90

HEFT 200
R. Seipenbusch, Langenberg (Rhld.)
Spitzengas durch Zusatz von Flüssiggas-Wassergas- und Flüssiggas-Generatorgas-Gemischen zu Stadtgas
1955, 48 Seiten, 21 Tabellen, DM 10,35

HEFT 201
Dr.-Ing. E. W. Pleines, Frankfurt/Main
Die Sicherheit im Luftverkehr
1956, 194 Seiten, 39 Abb., 19 Tabellen, DM 39,50

HEFT 202
Dipl.-Ing. D. Fiecke, Stuttgart/Zuffenhausen
Die Bestimmung der Flugzeugpolaren für Entwurfszwecke. I Teil: Unterlagen
1956, 216 Seiten, 171 Diagr., DM 59,—

HEFT 203
Dr. G. Wandel, Bonn
Uferbewachsung und Lebendverbauung an den Nordwestdeutschen Kanälen und ihren Zuflüssen sowie an der Ruhr
1956, 122 Seiten, 88 Abb., DM 25,70

HEFT 204
Dipl.-Ing. B. Naendorf, Langenberg (Rhld.)
Bestimmung der Brenneigenschaften und des Brennverhaltens verschiedener Gasarten und Einfluß verschiedener Düsengestaltung
1955, 32 Seiten, DM 7,10

HEFT 205
Dr. C. Schaarwächter, Düsseldorf
Über plastische Kupfer-Eisen-Phosphor-Legierungen
1936, 36 Seiten, 10 Abb., 10 Tabellen, DM 8,30

HEFT 206
Dr. P. Hölemann, Ing. R. Hasselmann und Ing. G. Dix, Dortmund
Untersuchungen über die Vorgänge bei der Zersetzung von in Azeton gelöstem Azetylen
1955, 74 Seiten, 7 Abb., 7 Tabellen, DM 15,55

HEFT 207
Prof. Dr.-Ing. H. Opitz, Dipl.-Ing. K. H. Fröhlich und Dipl.-Ing. H. Siebel, Aachen
Richtwerte für das Fräsen von unlegierten und legierten Baustählen mit Hartmetall. I. Teil
1956, 48 Seiten, 27 Abb., 3 Tabellen, DM 11,10

HEFT 208
Prof. Dr.-Ing. H. Müller, Essen
Untersuchung von Elektrowärmegeräten für Laienbedienung hinsichtlich Sicherheit und Gebrauchsfähigkeit. I. Untersuchungen an Kochplatten
1956, 100 Seiten, 76 Abb., 7 Tabellen, DM 22,70

HEFT 209
Dr. K. Bunge, Leverkusen
Materialabbau in Funkenentladungen. Untersuchungen an Zinkkathoden
1956, 54 Seiten, 10 Abb., 5 Tabellen, DM 11,40

HEFT 210
Dr. W. Porschen und Prof. Dr. W. Riezler, Bonn
Langlebige Alphaaktivitäten bei natürlichen Elementen
1955, 40 Seiten, 5 Abb., 4 Tabellen, DM 8,80

HEFT 211
Prof. Dipl.-Ing. W. Sturtzel und Dr.-Ing. W. Graff, Duisburg
Die Versuchsanstalt für Binnenschiffbau, Duisburg
1956, 48 Seiten, 22 Abb., 11,—

HEFT 212
Dipl.-Ing. H. Spodig, Selm
Untersuchung zur Anwendung der Dauermagnete in der Technik
1955, 44 Seiten, 25 Abb., DM 9,80

HEFT 213
Dipl.-Ing. K. F. Rittinghaus, Aachen
Zusammenstellung eines Meßwagens für Bau- und Raumakustik
1957, 96 Seiten 17 Abb., 7 Tabellen DM 19,80

HEFT 214
Dr.-Ing. J. Endres, München
Berechnung der optimalen Leistungen, Kraftstoffverbräuche und Wirkungsgrade von Einkreis-Turbolader-Strahltriebwerken am Boden und in der Höhe bei Fluggeschwindigkeiten von 0—2000 km/h
1956, 72 Seiten, 18 Abb., 8 Tabellen, DM 15,40

HEFT 215
Prof. Dr.-Ing. H. Opitz und Dr.-Ing. G. Weber, Aachen
Einfluß der Wärmebehandlung von Baustählen auf Spanentstehung, Schnittkraft- und Standzeitverhalten
1956, 80 Seiten, 30 Abb., 10 Tabellen, DM 18,40

HEFT 216
Dr. E. Kloth, Köln
Untersuchungen über die Ausbreitung kurzer Schallimpulse bei der Materialprüfung mit Ultraschall
1956, 90 Seiten, 60 Abb., 4 Tabellen, DM 19,40

HEFT 217
Rationalisierungskuratorium der Deutschen Wirtschaft (RKW), Frankfurt/Main
Typenvielzahl bei Haushaltgeräten und Möglichkeiten einer Beschränkung
1956, 328 Seiten, 2 Abb., 181 Tabellen, DM 49,50

HEFT 218
Dr. F. Keune, Aachen
Bericht über eine Theorie der Strömung um Rotationskörper ohne Anstellung bei Machzahl Eins
1955, 40 Seiten, 8 Abb., 5 Formelblätter, DM 8,80

WESTDEUTSCHER VERLAG · KÖLN UND OPLADEN

HEFT 171
Wäschereiforschung Krefeld
Untersuchung der Wäscheentwässerung mit Hilfe von Zentrifugen und Pressen
1955, 42 Seiten, 16 Abb., 4 Tabellen, DM 9,70

HEFT 172
Dipl.-Ing. W. Rohs, Dr.-Ing. G. Satlow und Text.-Ing. G. Heller, Bielefeld
Trocknung von Hanfgarnen. Kreuzspultrocknung
1955, 60 Seiten, 7 Abb., 4 Tabellen, DM 10,30

HEFT 173
Prof. Dr. R. Hosemann und Dipl.-Phys. G. Schoknecht, Berlin, vorgelegt von Prof. Dr. W. Kast, Krefeld
Lichtoptische Herstellung und Diskussion der Faltungsquadrate parakristalliner Gitter
1956, 108 Seiten, 63 Abb., 6 Tabellen, DM 24,70

HEFT 174
Prof. Dr. W. von Fragstein, Dr. J. Meingast und H. Hoch, Köln
Herstellung von Solen einheitlicher Teilchengröße und Ermittlung ihrer optischen Eigenschaften
1955, 78 Seiten, 80 Abb., 4 Tabellen, DM 18,25

HEFT 175
Dr.-Ing. H. Zeller, Aachen
Beitrag zur eindimensionalen stationären und nichtstationären Gasströmung mit Reibung und Wärmeleitung, insbesondere in Rohren mit unstetigen Querschnittsänderungen.
1956, 138 Seiten, 56 Abb., DM 29,30

HEFT 176
Dipl.-Ing. H. Schöberl, Duisburg
Über die Methoden zur Ermittlung der Verbrennungstemperatur von Brennstoffen und ein Vorschlag zu ihrer Verbesserung
1955, 30 Seiten, 3 Abb., DM 6,50

HEFT 177
Dipl.-Ing. H. Stüdemann, Solingen, und Dr.-Ing. W. Müchler, Essen
Entwicklung eines Verfahrens zur zahlenmäßigen Bestimmung der Schneideigenschaften von Messerklingen
1956, 104 Seiten, 68 Abb., 4 Tabellen, DM 22,20

HEFT 178
Prof. Dr. M. von Stackelberg u. Dr. W. Hans, Bonn
Untersuchungen zur Ausarbeitung und Verbesserung von polarographischen Analysenmethoden
1955, 46 Seiten, 14 Abb., DM 10,50

HEFT 179
Dipl.-Ing. H. F. Reineke, Bochum
Entwicklungsarbeiten auf dem Gebiete der Meß- und Regeltechnik
1955, 46 Seiten, 10 Abb., DM 10,—

HEFT 180
Dr.-Ing. W. Piepenburg, Dipl.-Ing. B. Bühling und Bauing. J. Behnke, Köln
Putzarbeiten im Hochbau und Versuche mit aktiviertem Mörtel und mechanischem Mörtelauftrag
1955, 116 Seiten, 31 Abb., 68 Tabellen, DM 23,—

HEFT 181
Prof. Dr. W. Franz, Münster
Theorie der elektrischen Leitvorgänge in Halbleitern und isolierenden Festkörpern bei hohen elektrischen Feldern
1955, 28 Seiten, 2 Abb., 1 Tabelle, DM 6,20

HEFT 182
Dr.-Ing. P. Schenk u. Dr. K. Osterloh, Düsseldorf
Katalytisch-thermische Spaltung von gasförmigen und flüssigen Kohlenwasserstoffen zur Spitzengaserzeugung
1955, 50 Seiten, 11 Abb., 11 Tabellen, DM 10,90

HEFT 183
Dr. W. Bornheim, Köln
Entwicklungsarbeiten an Flaschen- und Ampullen-Behandlungsmaschinen für die pharmazeutische Industrie
1956, 48 Seiten, 24 Abb., DM 11,70

HEFT 184
Dr.-Ing. E. Printz, Kettwig
Vollhydraulische Parallel-Kupplung für Ackerschlepper
1955, 32 Seiten, 4 Abb., DM 7,80

HEFT 185
Dipl.-Ing. W. Rohs und Text.-Ing. G. Heller, Bielefeld
Studien an einem neuzeitlichen Kreuzspultrockner für Bastfasergarne mit Wiederbefeuchtungszone
1955, 52 Seiten, 9 Abb., 3 Tabellen, DM 10,70

HEFT 186
Dr. E. Wedekind, Krefeld
Untersuchungen zur Arbeitsbestgestaltung bei der Fertigstellung von Oberhemden in gewerblichen Wäschereien
1955, 124 Seiten, 28 Abb., 6 Tabellen, 2 Falttaf., DM 12,—

HEFT 187
Dipl.-Ing. F. Göttgens, Essen
Über die Eigenarten der Bimetall-, Thermo- und Flammenionisationssicherungsmethode in ihrer Anwendung auf Zündsicherungen
1955, 40 Seiten, 6 Abb., 4 Tabellen, DM 8,40

HEFT 188
W. Kinnebrock, Langenberg (Rhld.)
Der Einfluß des Austausches gleicher Gaskochbrenner bzw. Gaskochbrennerteile auf den Wirkungsgrad und insbesondere auf den CO-Gehalt der Verbrennungsgase
1955, 42 Seiten, 7 Tabellen, DM 8,70

HEFT 189
Fa. E. Leybold's Nachfolger, Köln
I. Ausgewählte Kapitel aus der Vakuumtechnik
II. Zum Verlust anorganisch-nichtflüchtiger Substanzen während der Gefriertrocknung
1955, 52 Seiten, 16 Abb., 3 Tabellen, DM 11,20

HEFT 190
Prof. Dr. A. Neuhaus, Prof. Dr. O. Schmitz-DuMont und Dipl.-Chem. H. Reckhard, Bonn
Zur Kenntnis der Alkalititanate
1955, 60 Seiten, 13 Abb., 1 Tabelle, DM 12,20

HEFT 191
Dr. H. Söhngen, Darmstadt
Schwingungsverhalten eines Schaufelkranzes im Vakuum
1955, 36 Seiten, 7 Abb., DM 7,80

HEFT 192
Dipl.-Phys. E. M. Schneider, München
Kohlebogenlampen für Aufnahme und Kopie
1955, 48 Seiten, 21 Abb., 3 Tabellen, DM 10,60

HEFT 193
Prof. Dr. O. Schmitz-DuMont, Bonn
Untersuchungen über neue Pigmentfarbstoffe
1956, 50 Seiten, 16 Abb., 8 Tabellen, DM 11,20

HEFT 194
Dr. K. Hecht, Köln
Entwicklung neuartiger physikalischer Unterrichtsgeräte
1955, 42 Seiten, 16 Abb., DM 9,90

HEFT 195
Dr.-Ing. E. Rößger, Köln
Gedanken über einen neuen deutschen Luftverkehr
1955, 342 Seiten, 29 Abb., 122 Tabellen, DM 50,—

HEFT 196
Dipl.-Ing. W. Rohs und Text.-Ing. H. Griese, Bielefeld
Auswirkungen von Garnfehlern bei der Verarbeitung von Leinengarnen
1955, 36 Seiten, 3 Abb., 6 Tabellen, DM 7,80

HEFT 197
Dr. E. Wedekind, Krefeld
Untersuchungen zur Bestimmung der optimalen Arbeitsplatzgröße bei Mehrstuhlarbeit in der Weberei
1955, 92 Seiten, 34 Abb., DM 18,50

HEFT 198
Prof. Dr. J. Weissinger, Karlsruhe
Zur Aerodynamik des Ringflügels. Die Druckverteilung dünner, fast drehsymmetrischer Flügel in Unterschallströmung
1955, 42 Seiten, 5 Abb., DM 9,—

HEFT 199
Textilforschungsanstalt Krefeld
Die Messung von Gewebetemperaturen mittels Temperaturstrahlung
1955, 50 Seiten, 12 Abb., DM 10,90

HEFT 200
R. Seipenbusch, Langenberg (Rhld.)
Spitzengas durch Zusatz von Flüssiggas-Wassergas- und Flüssiggas-Generatorgas-Gemischen zu Stadtgas
1955, 48 Seiten, 21 Tabellen, DM 10,35

HEFT 201
Dr.-Ing. E. W. Pleines, Frankfurt/Main
Die Sicherheit im Luftverkehr
1955, 194 Seiten, 39 Abb., 19 Tabellen, DM 39,50

HEFT 202
Dipl.-Ing. D. Fiecke, Stuttgart/Zuffenhausen
Die Bestimmung der Flugzeugpolaren für Entwurfszwecke. I Teil: Unterlagen
1956, 216 Seiten, 171 Diagr., DM 59,70

HEFT 203
Dr. G. Wandel, Bonn
Uferbewachsung und Lebendverbauung an den Nordwestdeutschen Kanälen und ihren Zuflüssen sowie an der Ruhr
1956, 122 Seiten, 88 Abb., DM 25,70

HEFT 204
Dipl.-Ing. B. Naendorf, Langenberg (Rhld.)
Bestimmung der Brenneigenschaften und des Brennverhaltens verschiedener Gasarten und Einfluß verschiedener Düsengestaltung
1955, 32 Seiten, DM 7,10

HEFT 205
Dr. C. Schaarwächter, Düsseldorf
Über plastische Kupfer-Eisen-Phosphor-Legierungen
1936, 36 Seiten, 10 Abb., 10 Tabellen, DM 8,30

HEFT 206
Dr. P. Hölemann, Ing. R. Hasselmann und Ing. G. Dix, Dortmund
Untersuchungen über die Vorgänge bei der Zersetzung von in Azeton gelöstem Azetylen
1956, 74 Seiten, 7 Abb., 7 Tabellen, DM 15,55

HEFT 207
Prof. Dr.-Ing. H. Opitz, Dipl.-Ing. K. H. Fröhlich und Dipl.-Ing. H. Siebel, Aachen
Richtwerte für das Fräsen von unlegierten und legierten Baustählen mit Hartmetall. I. Teil
1956, 48 Seiten, 27 Abb., 3 Tabellen, DM 11,10

HEFT 208
Prof. Dr.-Ing. H. Müller, Essen
Untersuchung von Elektrowärmegeräten für Laienbedienung hinsichtlich Sicherheit und Gebrauchsfähigkeit. I. Untersuchungen an Kochplatten
1956, 100 Seiten, 76 Abb., 7 Tabellen, DM 22,70

HEFT 209
Dr. K. Bunge, Leverkusen
Materialabbau in Funkenentladungen. Untersuchungen an Zinkkathoden
1956, 54 Seiten, 10 Abb., 5 Tabellen, DM 11,40

HEFT 210
Dr. W. Porschen und Prof. Dr. W. Riezler, Bonn
Langlebige Alphaaktivitäten bei natürlichen Elementen
1955, 40 Seiten, 5 Abb., 4 Tabellen, DM 8,80

HEFT 211
Prof. Dipl.-Ing. W. Sturtzel und Dr.-Ing. W. Graff, Duisburg
Die Versuchsanstalt für Binnenschiffbau, Duisburg
1956, 48 Seiten, 22 Abb., 11,—

HEFT 212
Dipl.-Ing. H. Spodig, Selm
Untersuchung zur Anwendung der Dauermagnete in der Technik
1955, 44 Seiten, 25 Abb., DM 9,80

HEFT 213
Dipl.-Ing. K. F. Rittinghaus, Aachen
Zusammenstellung eines Meßwagens für Bau- und Raumakustik
1957, 96 Seiten 17 Abb., 7 Tabellen DM 19,80

HEFT 214
Dr.-Ing. J. Endres, München
Berechnung der optimalen Leistungen, Kraftstoffverbräuche und Wirkungsgrade von Einkreis-Turbolader-Strahltriebwerken am Boden und in der Höhe bei Fluggeschwindigkeiten von 0—2000 km/h
1956, 72 Seiten, 18 Abb., 8 Tabellen, DM 15,40

HEFT 215
Prof. Dr.-Ing. H. Opitz und Dr.-Ing. G. Weber, Aachen
Einfluß der Wärmebehandlung von Baustählen auf Spanentstehung, Schnittkraft- und Standzeitverhalten
1956, 80 Seiten, 30 Abb., 10 Tabellen, DM 18,40

HEFT 216
Dr. E. Kloth, Köln
Untersuchungen über die Ausbreitung kurzer Schallimpulse bei der Materialprüfung mit Ultraschall
1956, 90 Seiten, 60 Abb., 4 Tabellen, DM 19,40

HEFT 217
Rationalisierungskuratorium der Deutschen Wirtschaft (RKW), Frankfurt/Main
Typenvielzahl bei Haushaltgeräten und Möglichkeiten einer Beschränkung
1956, 328 Seiten, 2 Abb., 181 Tabellen, DM 49,50

HEFT 218
Dr. F. Keune, Aachen
Bericht über eine Theorie der Strömung um Rotationskörper ohne Anstellung bei Machzahl Eins
1955, 40 Seiten, 8 Abb., 5 Formelblätter, DM 8,80

WESTDEUTSCHER VERLAG · KÖLN UND OPLADEN

HEFT 268
Prof. Dr.-Ing. G. Vogelpohl, Göttingen
Über die Tragfähigkeit von Gleitlagern und ihre Berechnung
1956, 76 Seiten, 24 Abb., 7 Tabellen, DM 16,85

HEFT 269
Markscheider R. Bals, Bochum
Eignung des Gebirgsankerausbaus zur Erleichterung des Streckenvortriebs im Steinkohlenbergbau
1956, 84 Seiten, 41 Abb., DM 18,75

HEFT 270
Dr. H. Krebs und Mitarbeiter, Bonn
Die Trennung von Racematen auf chromatographischem Wege
1956, 62 Seiten, 18 Tabellen, DM 12,95

HEFT 271
Prof. Dr.-Ing. H. Opitz und Dipl.-Ing. H. Axer, Aachen
Beeinflussung des Verschleißverhaltens bei spanenden Werkzeugen durch flüssige und gasförmige Kühlmittel und elektrische Maßnahmen
1956, 46 Seiten, 28 Abb., DM 10,70

HEFT 272
Prof. Dr. W. Fuchs und Dr. H. Dresia, Aachen
Untersuchungen über die Schnellverbrennung und Schnellvergasung fester Brennstoffe
1956, 56 Seiten, 14 Abb., 3 Tabellen, DM 11,90

HEFT 273
Fa. K. W. Tacke G.m.b.H., Wuppertal-Barmen
Erfahrungen beim Verspinnen von Perlonfasern und bei der Herstellung von Trikotagen aus gesponnenem Perlon
1956, 36 Seiten, DM 7,90

HEFT 274
Prof. Dr.-Ing. K. Krekeler, Aachen
Qualitative Untersuchungen bei Verbindungsschweißungen mittels Lichtbogenschweißautomaten unter Verwendung von Blankdraht und Zugabe von ferromagnetischem Pulver als Umhüllung
1956, 68 Seiten, 40 Abb., 8 Tabellen, DM 15,45

HEFT 275
Prof. Dr.-Ing. habil. K. Krekeler, Aachen, und Dipl.-Ing. H. Verhoeven, Aachen
Quantitative Untersuchungen von Punktschweißverbindungen an Tiefzieh- und Aluminiumblechen, die nach dem Argonarc-Punktschweißverfahren hergestellt werden
1956, 64 Seiten, 45 Abb., DM 14,60

HEFT 276
Fa. E. Haage, Mülheim (Ruhr)
Entwicklungsarbeiten im Apparatebau für Laboratorien
1956, 48 Seiten, 18 Abb., DM 10,50

HEFT 277
Dr.-Ing. W. Müchler, Essen
Untersuchung und zahlenmäßige Bestimmung der Schneideigenschaften von Messern mit besonderer Berücksichtigung rostfreier Messerstähle
1956, 60 Seiten, 27 Abb., 5 Tabellen, DM 13,20

HEFT 278
Dipl.-Ing. J. Stelter und Dipl.-Ing. H. Kickert, Aachen
I. Sichtbarmachung von Ultraschallfeldern unter Verwendung photographischer Emulsionsschichten
II. Methode zur Bestimmung der wirklichen Temperaturverhältnisse in Flüssigkeiten während der Beschallung (Nach einer Diplom-Arbeit von H. Schnitzler)
1956, 54 Seiten, 24 Abb., DM 12,75

HEFT 279
Dr. F. Keune, Aachen
Der gewölbte und verwundene Tragflügel ohne Dicke in Schallnähe
1956, 42 Seiten, 15 Abb., DM 9,25

HEFT 280
Dipl.-Ing. J. Stelter und Dipl.-Ing. E. Pfende, Aachen
Über Störerscheinungen bei Schallgeschwindigkeitsmessungen mittels der Interferometermethode
1956, 42 Seiten, 13 Abb., DM 9,60

HEFT 281
Prof. Dr.-Ing. K. Lürenbaum, Aachen
Der Meßwagen des Instituts für Maschinen-Dynamik der Deutschen Versuchsanstalt für Luftfahrt, Aachen
1956, 34 Seiten, 17 Abb., DM 8,60

HEFT 282
Bergrat a. D. Scherer, Bochum
Das B. T.-Schwelverfahren und seine Anwendung auf der Anlage Marienau
1956, 44 Seiten, 7 Abb., DM 9,60

HEFT 283
Prof. Dr. F. Wever und Dr.-Ing. W. Lueg, Düsseldorf
Warmstauchversuche zur Ermittlung der Formänderungsfestigkeit von Gesenkschmiede-Stählen
1956, 44 Seiten, 19 Abb., DM 9,90

Heft 284
Prof. Dr. F. Wever, Düsseldorf, Dr.-Ing. H. J. Wiester, Essen, Dr.-Ing. F. W. Straßburg, Duisburg, Prof. Dr.-Ing. H. Opitz, Aachen, und Dr.-Ing. K. H. Fröhlich, Köln
Einfluß des Gefüges auf die Zerspanbarkeit von Einsatz- und Vergütungsstählen
1957, 88 Seiten, 126 Abb., 11 Tab., DM 22,45

HEFT 285
Prof. Dr.-Ing. O. Kienzle, Dr.-Ing. K. Lange, Hannover, und Dipl.-Ing. H. Meinert, Osterode
Einfluß der Oberfläche auf das Verschleißverhalten von Schmiedegesenken
1956, 62 Seiten, 29 Abb., 8 Tabellen, DM 14,60

HEFT 286
Dr.-Ing. K. Lange, Hannover, Dipl.-Ing. H. Meinert, Osterode, unter Mitarbeit von Dr.-Ing. H. Arend, Mülheim (Ruhr)
Verschleißverhalten hartverchromter Schmiedegesenke
1956, 74 Seiten, 53 Abb., 6 Tabellen, DM 17,65

HEFT 287
Prof. Dr.-Ing. habil. K. Krekeler, Aachen
Änderungen der mechanischen Eigenschaftswerte thermoplastischer Kunststoffe bei Beanspruchung in verschiedenen Medien
1956, 62 Seiten, 23 Abb., 5 Tabellen, DM 13,70

HEFT 288
Dr. K. Brücker-Steinkuhl, Düsseldorf
Anwendung mathematisch-statistischer Verfahren in der Industrie
1956, 103 Seiten, 27 Abb., 14 Tabellen, DM 24,20

HEFT 289
Prof. Dr.-Ing. H. Winterhager, Aachen
Kombinierter Widerstands- und Lichtbogen-Vakuumofen zur Verarbeitung von Titanschwamm
Prof. Dr. h. c. R. Schwarz, Aachen
Erforschung neuer Wege zur Darstellung von Titanmetall
1957, 42 Seiten, 18 Abb., DM 9,70

HEFT 290
Dr. D. Horstmann, Düsseldorf
I. Der verstärkte Angriff des Zinks auf Eisen im Temperaturgebiet um 500° C
II. Einfluß eines Antimongehaltes auf den Angriff von Zinkschmelzen auf Eisen
1956, 48 Seiten, 33 Abb., 3 Tabellen, DM 11,90

HEFT 291
Dr.-Ing. H. J. Wiester und Dr. D. Horstmann, Düsseldorf
Der Angriff eisengesättigter Zinkschmelzen auf silizium- und manganhaltiges Eisen
1956, 52 Seiten, 45 Abb., 8 Tabellen, DM 12,60

HEFT 292
Dipl.-Ing. W. Rohs und Text.-Ing. H. Griese, Bielefeld
Webversuche an Leinenwebstühlen mit verbesserter Schaftbewegung
1956, 34 Seiten, 3 Abb., 2 Tabellen, DM 7,60

HEFT 293
Prof. J. W. Korte, unter Mitarbeit von Dipl.-Ing. P. A. Mäcke und Dipl.-Ing. W. Leutzbach, Aachen
Die Leistungsfähigkeit von Verkehrsanlagen des motorisierten städtischen Straßenverkehrs
1956, 98 Seiten, 35 Abb., 5 Tabellen, 1 Falttafel, DM 22,50

HEFT 294
Dipl.-Ing. B. Naendorf, Essen
Untersuchungen industrieller Gasbrenner
1956, 58 Seiten, 6 Abb., 3 Tabellen, DM 12,40

HEFT 295
Prof. Dr.-Ing. H. Opitz und Dipl.-Ing. H. Axer, Aachen
Untersuchung und Weiterentwicklung neuartiger elektrischer Bearbeitungsverfahren
1956, 42 Seiten, 27 Abb., DM 10,30

HEFT 296
Prof. Dr.-Ing. H. Opitz, Aachen
I. Untersuchungen an elektronischen Regelantrieben
II. Statische Untersuchungen zur Ausnutzung von Drehbänken
1956, 46 Seiten, 18 Abb., DM 10,40

HEFT 297
Dr. K. Schaarwächter, Düsseldorf
Die Reduktion von Siliziumtetrachlorid im Lichtbogen zur nachfolgenden Silizierung von Eisenblechen
1958, 30 Seiten, 12 Abb., DM 8,20

HEFT 298
Prof. Dr.-Ing. E. Oehler, Aachen
Untersuchung von kritischen Drehzahlen, die durch Kreiselmomente verursacht werden
1956, 50 Seiten, 35 Abb., DM 13,15

HEFT 299
Dr. J. Fassbender und W. Hoppe, Bonn
Eine photoelektrische Nachlaufeinrichtung für Analogie-Rechenmaschinen
1956, 20 Seiten, 8 Abb., DM 7,65

HEFT 300
Prof. Dr. E. Schütz und Privatdozent Dr. H. Caspers, Münster
Tierexperimentelle Untersuchungen über die Alkoholwirkungen auf Erregbarkeit und bioelektrische Spontanaktivität der Hirnrinde
1956, 44 Seiten, 6 Abb., 1 Tabelle, DM 9,55

HEFT 301
Prof. Dr. W. Weltzien, Dr. G. Cossmann und P. Diehl, Krefeld
Über die fraktionierte Fällung von Polyamiden (II)
1956, 54 Seiten, 1 Abb., 16 Tabellen, DM 11,30

HEFT 302
Prof. Dr.-Ing. W. Wegener und Dipl.-Ing. W. Zahn, Aachen
Untersuchungen von gesponnenen Garnen auf ihre Gleichmäßigkeit nach verschiedenen Meßmethoden
1957, 58 Seiten, 34 Abb., DM 15,20

HEFT 303
Prof. Dr. Ing. S. Kiesskalt, Aachen
Das Institut der Forschungsgesellschaft Verfahrenstechnik e. V. an der Technischen Hochschule Aachen
1956, 76 Seiten, 20 Abb., 3 Tabellen, DM 16,40

HEFT 304
Prof. Dr.-Ing. K. Krekeler, Düsseldorf, und Dipl.-Ing. A. Kleine-Albers, Aachen
Beitrag zur thermoelastischen Warmformbarkeit von Hart-PVC
1957, 72 Seiten, 29 Abb., DM 17,70

HEFT 305
Prof. Dr.-Ing. K. Krekeler, Düsseldorf, Dr.-Ing. H. Peukert, Aachen, und Dipl.-Ing. W. Schmitz, Siegburg
Heißgas-Schweißung von Hart-Polyvinylchlorid mit Zusatzwerkstoff
1956, 44 Seiten, 27 Abb., 5 Tabellen, DM 12,50

HEFT 306
Prof. Dr. B. Rensch, Münster
Elektrophysiologische Untersuchungen zur Analysierung der Bildung von Assoziationen und Gedächtnisspuren in Gehirn und Rückenmark
Prof. Dr. A. Loeser, Münster
Akute und chronische Giftwirkungen sauerstoffhaltiger Lösungsmittel
1956, 36 Seiten, 9 Abb., DM 8,90

HEFT 307
Privatdozent Dr. J. Juilfs, Krefeld
Vergleichende Untersuchungen zur elastischen und bleibenden Dehnung von Fasern
1956, 36 Seiten, 11 Abb., DM 8,30

HEFT 308
Privatdozent Dr. J. Juilfs, Krefeld
Zur Messung der Fadenglätte
1956, 22 Seiten, 10 Abb., 2 Tabellen, DM 8,—

HEFT 309
Prof. Dr. K. Cruse und Mitarbeiter, Clausthal-Zellerfeld
Aufbau und Arbeitsweise eines universell verwendbaren Hochfrequenz-Titrationsgerätes
1957, 48 Seiten, 29 Abb., DM 11,90

HEFT 310
Dr. P. F. Müller, Bonn
Die Integrieranlage des Rheinisch-Westfälischen Instituts für Instrumentelle Mathematik in Bonn
1956, 62 Seiten, 6 Abb., 30 Satzskizzen, DM 14,45

HEFT 311
Prof. Dr. F. Wever und Dr. M. Hempel, Düsseldorf
Dauerschwingfestigkeit von Stählen bei erhöhten Temperaturen
Teil I: Erkenntnisse aus bisherigen Dauerschwingversuchen in der Wärme
1956, 48 Seiten, 19 Abb., 2 Tabellen, DM 10,90

HEFT 312
Prof. Dr. F. Wever und Dr. M. Hempel, Düsseldorf
Dauerschwingfestigkeit von Stählen bei erhöhten Temperaturen
Teil II: Zug-Druck-Dauerschwingversuche an zwei warmfesten Stählen bei Temperaturen von 500 bis 650°
1956, 48 Seiten, 20 Abb., 3 Tabellen, DM 13,—

WESTDEUTSCHER VERLAG · KÖLN UND OPLADEN

HEFT 313
Prof. Dr. F. Wever, Dr. W. Koch und Dipl.-Phys. H. Rohde, Düsseldorf
Änderungen des Habitus und der Gitterkonstanten des Zementits in Chromstählen bei verschiedenen Wärmebehandlungen
1956, 88 Seiten, 29 Abb., 8 Tabellen, DM 20,90

HEFT 314
Prof. Dr. F. Wever, Dr.-Ing. A. Krisch, Düsseldorf, und Dr.-Ing. H.-J. Wiester, Essen
Veränderungen im Gefügeaufbau von Chrom-Nickel-Molybdän-Stählen bei langzeitiger Beanspruchung im Zeitstandversuch bei 500°
1956, 48 Seiten, 26 Abb., 5 Tabellen, DM 11,70

HEFT 315
Prof. Dr. F. Wever und Dr.-Ing. A. Krisch, Düsseldorf
Metallkundliche Untersuchungen an Zeitstandproben
1956, 38 Seiten, 12 Abb., DM 9,15

HEFT 316
Dr. F. Keune, Aachen
Zusammenfassende Darstellung und Erweiterung des Aequivalenzsatzes für schallnahe Strömung
1956, 80 Seiten, 22 Abb., DM 17,90

HEFT 317
Dr.-Ing. J. Stelter, Aachen
Mikrobiologische Ultraschallwirkungen
1957, 106 Seiten, 41 Abb., 12 Tab., DM 23,90

HEFT 318
Dipl.-Ing. H. Kickert, Aachen
Über die Ausbreitung von Ultraschall in Luft
1957, 78 Seiten, 51 Abb., 7 Tab., DM 19,20

HEFT 319
Prof. Dr. C. Kröger, Aachen
Gemengereaktionen und Glasschmelze
1957, 118 Seiten, 53 Abb., 16 Tab., DM 26,—

HEFT 320
Dr. H.-E. Caspary, Köln
Verwendung von Szintillationszählern an Stelle von Zählrohren zur zerstörungsfreien Materialprüfung
1956, 42 Seiten, 13 Abb., 2 Tabellen, DM 10,10

HEFT 321
Prof. Dr. F. Wever, Düsseldorf, und Dr. W. Wepner, Köln
Gleichzeitige Bestimmung kleiner Kohlenstoff- und Stickstoffgehalte im a-Eisen durch Dämpfungsmessung
1956, 30 Seiten, 3 Abb., 4 Tabellen, DM 6,80

HEFT 322
Prof. Dr.-Ing. F. Bollenrath und Dipl.-Ing. W. Domke, Aachen
Eigenspannungen in vergüteten, dickwandigen Stahlzylindern nach Oberflächenhärtung mit induktiver Erwärmung
1956, 30 Seiten, 9 Abb., 2 Tabellen, DM 6,90

HEFT 323
Prof. Dr. R. Seyffert, Köln
Wege und Kosten der Distribution der Textilien, Schuh- und Lederwaren
1956, 98 Seiten, 37 Tabellen, 1 Falttaf., DM 12,—

HEFT 324
Prof. Dr.-Ing. H. Opitz, Dr.-Ing. E. Saljé und Dipl.-Ing. K. E. Schwartz, Aachen
Richtwerte für das Außenrund-Längs- und Einstechschleifen
1956, 62 Seiten, 44 Abb., 2 Tabellen, DM 13,85

HEFT 325
Prof. Dr. E. Schratz, Münster
Pharmakognostische Untersuchungen am Medizinal-Rhabarber
1957, 62 Seiten, 29 Abb., 3 Tabellen, DM 17,90

HEFT 326
Prof. Dr.-Ing. E. Essers und Mitarbeiter, Aachen
Deichselkräfte an Lastzügen
1957, 96 Seiten, 34 Abb., DM 22,10

HEFT 327
Prof. Dr.-Ing. habil. K. Krekeler und Dr.-Ing. H. Peukert, Aachen
Beitrag zur thermoelastischen Formbarkeit von Polyäthylen
1956, 56 Seiten, 49 Abb, 9 Tabellen, DM 12,80

HEFT 328
Dr. H. Maeder, Belo Horizonte
Schweißen von Temperguß
1957, 92 Seiten, 59 Abb., 42 Tabellen, DM 25,50

HEFT 329
Dipl.-Ing. A. Krüger, Karlsruhe, und Feuerwehr-Ing. R. Radusch, Dortmund
Wasserzerstäubung im Strahlrohr
1956, 86 Seiten, 21 Abb., 3 Tabellen, DM 18,65

HEFT 330
Dipl.-Physiker E. Pepping, Aachen
Die Durchflußzahl des Rechteckschlitzes in einer sehr großen Wand
1957, 54 Seiten, 21 Abb., DM 12,35

HEFT 331
Dipl.-Ing. G. Bretschneider, Ruit
Die Messung der wiederkehrenden Spannung mit Hilfe des Netzmodelles
1957, 46 Seiten, 21 Abb., 2 Tab., DM 11,20

HEFT 332
Prof. Dr.-Ing. R. Jaeckel und Dr. G. Reich, Bonn
Messung von Dampfdrucken im Gebiet unter 10^{-2} Torr
1956, 42 Seiten, 16 Abb., 2 Tabellen, DM 10,40

HEFT 333
Prof. Dipl.-Ing. W. Sturtzel und Dr.-Ing. W. Graff, Duisburg
I. Der Flachwassereinfluß auf den Form- und Reibungswiderstand von Binnenschiffen
II. Der Flachwassereinfluß auf die Nachstrom- und Sogverhältnisse bei Binnenschiffen
1956, 44 Seiten, 14 Abb., DM 9,80

HEFT 334
Prof. Dr. W. Weizel und Dr. G. Meister, Bonn
Spektralanalyse durch Messung des Interferenz-Kontrastes
1956, 42 Seiten, DM 9,30

HEFT 335
Prof. Dr. W. Weizel und H. Hornberg, Bonn
Untersuchungen der anodischen Teile einer Glimmentladung
1957, 62 Seiten, 14 Farbabb., 21 Abb., 1 Tab., DM 32,80

HEFT 336
Dr. Tung-ping Yao, Aachen
Die Viskosität metallischer Schmelzen
1957, 64 Seiten, 28 Abb., 2 Tab., DM 14,40

HEFT 337
Dr. R. Hoeppener und Dr. W. Bierther, Bonn
Tektonik und Lagerstätten im Rheinischen Schiefergebirge
1957, 66 Seiten, 14 Abb., DM 16,25

HEFT 338
Prof. Dr.-Ing. W. Wegener, Aachen, und Dipl.-Ing. J. Schneider, M.-Gladbach
Die Bedeutung der Knotenart für die Herabminderung der Fadenbrüche
1957, 40 Seiten, 6 Abb., DM 9,80

HEFT 339
Prof. Dr.-Ing. W. Wegener und Dipl.-Ing. W. Zahn, Aachen
Vergleich des normalen mit verschiedenen abgekürzten Baumwollspinnverfahren in bezug auf Gleichmäßigkeit und Sortierungsstreuung der Garne
1956, 56 Seiten, 17 Abb., 17 Tabellen, DM 12,70

HEFT 340
Dipl.-Ing. W. Rohs und Dipl.-Ing. R. Otto, Bielefeld
Das Naßspinnen von Bastfasergarnen mit Spinnbadzusätzen unter Ausnutzung einer zentralen Spinnwasserversorgungsanlage
1956, 56 Seiten, 2 Abb., 6 Tabellen, DM 11,60

HEFT 341
Prof. Dr.-Ing. H. Winterhager und Dipl.-Ing. L. Werner, Aachen
Präzisions-Meßverfahren zur Bestimmung des elektrischen Leitvermögens geschmolzener Salze
1956, 44 Seiten, 19 Abb., 1 Tabelle, DM 10,60

HEFT 342
Prof. Dr.-Ing. H. Winterhager und Dipl.-Ing. W. Barthel, Aachen
Die Gewinnung von Titanschlackenkonzentraten aus eisenreichen Ilmeniten
1957, 60 Seiten, 30 Abb., 6 Tab., DM 13,30

HEFT 343
Prof. Dr.-Ing. W. Petersen, Aachen, und Dipl.-Ing. S. Wawroschek, Aachen
Die zweckmäßigsten Gütebestimmungsverfahren und Brikettierungsbedingungen bei der Erzeugung von Braunkohlen-Eisenerz-Briketts
1957, 64 Seiten, 28 Abb., DM 13,95

HEFT 344
Prof. Dr.-Ing. W. Fucks, Aachen
Zur Deutung einfachster mathematischer Sprachcharakteristiken
1956, 38 Seiten, 12 Abb., DM 7,80

HEFT 345
Dipl.-Ing. G. Cerbe und Dipl.-Ing. H. Monstadt, Essen
Konvektive Trocknung mit gasbeheizter Luft und Trocknung durch Gasstrahler
1957, 46 Seiten, 16 Abb., DM 10,40

HEFT 346
Dipl.-Ing. O. Arnold, Aachen
Erfahrungen mit Kernbohrungen zur Lagerstättenuntersuchung im Erzbergbau
1957, 36 Seiten, 2 Abb., 3 Falttaf. 6 Tab., DM 8,80

HEFT 347
S. Ruff, F. Kipp, H. Hansteen und G. Müller, Bonn
Untersuchungen zur Frage der Gehörschädigung des fliegenden Personals der Propellerflugzeuge
1957, 50 Seiten, 27 Abb., 3 Tab., DM 11,10

HEFT 348
Prof. Dr.-Ing. E. Piwowarsky und Dr.-Ing. E. G. Nickel, Aachen
Metallurgie eines hochwertigen Gußeisens mit kompakter bis kugelförmiger Graphitausbildung
1957, 54 Seiten, 27 Abb., 5 Tab., DM 13,30

HEFT 349
Dr.-Ing. W. A. Fischer, Dr.-Ing. H. Treppschuh und Dr.-Ing. K. H. Köthemann, Düsseldorf
Tiegel aus Schmelzmagnesia für Vakuuminduktionsöfen
1957, 34 Seiten, 14 Abb., DM 8,40

HEFT 350
Prof. Dr.-Ing. habil. K. Krekeler und Dr.-Ing. H. Peukert, Aachen
Das Spannungsverhalten der Kunststoffe bei der Verarbeitung
1958, 32 Seiten, 12 Abb., DM 20,—

HEFT 351
Prof. Dr.-Ing. H. Opitz, Dipl.-Ing. H. Axer und Dipl.-Ing. H. Rhode, Aachen
Zerspanbarkeit hochwarmfester und nichtrostender Stähle. Teil I
1957, 96 Seiten, 73 Abb., 2 Tab., DM 21,80

HEFT 352
Dipl.-Ing. H. Fauser, Aachen
Fahrdynamik und Batterie-Arbeitsverbrauch von Akkumulatorenlokomotiven im Untertagebetrieb
1957, 152 Seiten, 78 Abb., DM 36,10

HEFT 353
Forschungsinstitut für Rationalisierung, Aachen
Schlagwortregister zur Rationalisierung
1957, 376 Seiten, DM 56,—

HEFT 354
Dipl.-Ing. D. Wagener, Aachen
Auswirkungen neuer Gaserzeugungs-Verfahren unter Berücksichtigung der Auswirkung auf den Kokereibetrieb
in Vorbereitung

HEFT 355
Prof. Dr.-Ing. habil. K. Krekeler, Dr.-Ing. H. Peukert und Dipl.-Ing. A. Kleine-Albers, Aachen
Heißgas-Schweißungen von Weich-Polyvinylchlorid mit Zusatzwerkstoff
1957, 44 Seiten, 19 Abb., DM 11,—

HEFT 356
Dipl.-Phys. G. Gurke, Aachen
Aufbau einer Meßanlage für Untersuchungen elektrischer Gasentladung im Bereiche großer p. d.-Werte
1956, 38 Seiten, 13 Abb., DM 8,65

HEFT 357
Prof. Dr.-Ing. W. Fucks, Aachen
Mathematische Analyse der Formalstruktur von Musik
1958, 54 Seiten, 29 Abb., 16 Tabellen, DM 13,60

HEFT 358
Prof. Dr. rer. nat. W. Weltzien, Dipl.-Chem. P. Ringel und Text.-Ing. H. Kirchhoff, Krefeld
Die Waschechtheit von Färbungen. Vergleichende Untersuchungen auf dem Gebiete der Echtheitsprüfung
1958, 62 Seiten, 12 farb. Abb., DM 58,—

HEFT 359
Dr.-Ing. F. J. Meister, Düsseldorf
Veränderung der Hörschärfe, Lautheitsempfindung und Sprachaufnahme während des Arbeitsprozesses bei Lärmarbeitern
1957, 84 Seiten, 11 Abb., 40 Audiogramme, 41 Tab., DM 19,90

HEFT 360
Dr.-Ing. E. Barz, Remscheid
Fertigungsverfahren und Spannungsverlauf bei Kreissägeblättern für Holz
1957, 72 Seiten, 40 Abb., DM 17,—

HEFT 361
Dipl.-Ing. H. F. Klein, Aachen
Die nichtstationären Strömungsvorgänge und der Wärmeübergang in einem Schwingfeuergerät
1957, 84 Seiten, 34 Abb., 4 Falttafeln, DM 25,90

HEFT 362
Prof. Dr. med. G. Lehmann und Dipl.-Phys. D. Dieckmann, Dortmund
Die Wirkung mechanischer Schwingungen (0,5 bis 100 Hertz) auf den Menschen
1957, 100 Seiten, 53 Abb., 6 Tab., DM 22,50

WESTDEUTSCHER VERLAG · KÖLN UND OPLADEN

HEFT 363
Dr.-Ing. U. Domm, Frankenthal (Pfalz)
Über eine Hypothese, die den Mechanismus der Turbulenz-Entstehung betrifft
1956, 28 Seiten, 4 Abb., DM 6,45

HEFT 364
Prof. Dr. Th. Beste, Köln
Die Mehrkosten bei der Herstellung ungängiger Erzeugnisse im Vergleich zur Herstellung vereinheitlichter Erzeugnisse
1957, 352 Seiten, DM 50,—

HEFT 365
Sozialforschungsstelle an der Universität Münster, Dortmund
Standort und Wohnort
1957, Textband: 350 Seiten, 28 Karten, 73 Tab.
Anlageband: 15 Karten, 21 Tab., DM 99,—

HEFT 366
Versuchsanstalt für Binnenschiffbau e. V., Duisburg
Bei Flachwasserfahrten durch die Strömungsverteilung am Boden und an den Seiten stattfindende Beeinflussung des Reibungswiderstandes von Schiffen
1957, 96 Seiten, 39 Abb., 28 Tab., DM 20,40

HEFT 367
Dr. rer. nat. D. Horstmann, Düsseldorf
Der Angriff eisengesättigter Zinkschmelzen auf kohlenstoff-, schwefel- und phosphorhaltiges Eisen
1957, 52 Seiten, 22 Abb., 6 Tab., DM 12,85

HEFT 368
Prof. Dr. phil. H. Kaiser, Dortmund
Entwicklung betriebsmäßiger spektrochemischer Analysenverfahren für technische Gläser
1957, 40 Seiten, 11 Abb., DM 9,10

HEFT 369
Prof. Dr.-Ing. R. Jaeckel und Dipl.-Phys. F. J. Schittko, Bonn
Gasabgabe von Werkstoffen ins Vakuum
1957, 48 Seiten, 20 Abb., 6 Tab., DM 13,30

HEFT 370
Dr. phil. habil. F. Schwarz, Köln
Physikochemische Grundlagen der Bildsamkeit von Kalken unter Einbeziehung des Begriffes der aktiven Oberfläche
in Vorbereitung

HEFT 371
Dr. phil. W. Lejeune, Köln
Beitrag zur statistischen Verifikation der Minderheiten-Theorie
1958, 80 Seiten, 14 Abb., DM 17,90

HEFT 372
Prof. Dr. phil. M. von Stackelberg, Bonn
Untersuchungen zur Ausarbeitung und Verbesserung von polarographischen Analysenmethoden. 2. Bericht
1957, 44 Seiten, 9 Abb., 7 Tab., DM 10,10

HEFT 373
Dipl.-Ing. H. J. Koch, Essen
Druckgasfeuerung — ein Verfahren zum Betrieb von Gasfeuerstätten
1957, 38 Seiten, 8 Abb., 10 Tab., DM 8,50

HEFT 374
Dr. E. Paproth, Krefeld
Paläontologische Bearbeitung der in den devonischen Schichten des Siegerlandes enthaltenen Faunen
1957, 38 Seiten, 3 Tab., DM 8,30

HEFT 375
Technischer Überwachungsverein e. V., Essen
Wanddickenmessungen mittels radioaktiver Strahlen und Zählrohrgerät
1958, 38 Seiten, 15 Abb., DM 9,55

HEFT 376
Technischer Überwachungsverein e. V., Essen
Wasserumlaufprobleme an Hochdruckkesseln
1958, 140 Seiten, 56 Abb., 8 Tabellen DM 32,60

HEFT 377
Technischer Überwachungsverein e. V., Essen
Versuche an Wanderrostkesseln mit befeuchteter Verbrennungsluft
1958, 50 Seiten, 19 Abb., 3 Tabellen., DM 12,20

HEFT 378
Oberingenieur H. Stein, M.-Gladbach
Beobachtung und maßtechnische Erfassung der Vorgänge im Spinn- und Aufwindefeld von Ringspinn- und Ringzwirnmaschinen
1957, 104 Seiten, 88 Abb., 3 Tabellen, DM 26,90

HEFT 379
Laboratorium für textile Meßtechnik, M.-Gladbach
Schußfadenspannung beim Weben
1957, 76 Seiten, 17 Abb., 3 Tabellen, DM 18,60

HEFT 380
Dipl.-Phys. R. Trappenberg, Karlsruhe
Theoretische und experimentelle Untersuchungen zur Staubverteilung einer Rauchfahne
1957, 64 Seiten, 7 Abb., 18 Tabellen, DM 14,90

HEFT 381
Dr. J. Juilfs, Krefeld
Zur Dichtebestimmung von Fasern. Methoden und Beispiele der praktischen Anwendung
1957, 76 Seiten, 34 Abb., 18 Tabellen, DM 17,—

HEFT 382
Dr. phil. habil. P. Hölemann, Ing. R. Hasselmann und Ing. G. Dix, Dortmund
Die Messung von Flammen und Detonationsgeschwindigkeiten bei der explosiven Zersetzung von Acetylen in Rohren
1957, 36 Seiten, 7 Abb., 4 Tab., DM 8,10

HEFT 383
Dr. phil. habil. P. Hölemann und Ing. R. Hasselmann, Dortmund
Verlauf von Azetylenexplosionen in Rohren bei Gegenwart von porösen Massen
1957, 68 Seiten, 10 Abb., 15 Tabellen, DM 16,60

HEFT 384
Prof. Dr.-Ing. H. Opitz, Aachen
Schwingungsuntersuchungen an Werkzeugmaschinen
in Vorbereitung

HEFT 385
Prof. Dr.-Ing. H. Opitz, Aachen
Zerspanbarkeit hochwarmfester und nichtrostender Stähle. Teil II
1957, 86 Seiten, 54 Abb., 5 Tabellen, DM 19,30

HEFT 386
Prof. Dr.-Ing. H. Opitz, Aachen
Standzeituntersuchungen und Verschleißmessungen mit radioaktiven Isotopen
1958, 50 Seiten, 33 Abb., 3 Tabellen, DM 12,75

HEFT 387
Prof. Dr. med. W. Kikuth und Dozent Dr. med. L. Grün, Düsseldorf
Die Verhütung von Infektion durch Desinfektion des Raumes und der Raumluft
1957, 96 Seiten, 14 Abb., 20 Tab., DM 22,50

HEFT 388
Prof. Dr. rer. nat. habil. W. Baumeister und Dr. rer. nat. H. Burghardt, Münster
Die Bedeutung der Elemente Zink und Fluor für das Pflanzenwachstum
1957, 48 Seiten, 17 Tab. DM 10,20

HEFT 389
Prof. Dr.-Ing. habil. H. Fink und K. W. Hoppenhaus, Köln
Die biologische Eiweiß-Synthese von höheren und niederen Pilzen und die alimentäre Lebernekrose der Ratte
1957, 76 Seiten, 2 Abb., 24 Tab., DM 15,60

HEFT 390
Dr.-Ing. J. Endres und Dr.-Ing. G. Hiebel, München
Berechnung der optimalen Leistungen, Kraftstoffverbräuche und Wirkungsgrade von Luftfahrt-Gasturbinen-Triebwerken am Boden und in der Höhe bei Fluggeschwindigkeiten von 0—2000 km/h und bei vorgegebenen Düsenausströmgeschwindigkeiten
1958, 130 Seiten, 16 Abb., DM 24,90

HEFT 391
Prof. Dr. phil. F. Wever, Dr. phil. W. Koch und Dipl.-Chem. F. Stricker, Düsseldorf
Die quantitative spektrographische Analyse von Gasgemischen aus Kohlenmonoxyd, Wasserstoff und Stickstoff
1957, 48 Seiten, 21 Abb., 3 Tab., DM 11,30

HEFT 392
Prof. Dr. phil. F. Wever u. a., Düsseldorf
Untersuchungen über den Konverterrauch im Hinblick auf die spektrale Überwachung des Thomasprozesses
1957, 48 Seiten, 14 Abb., 4 Tab., DM 12,10

HEFT 393
Dr.-Ing. O. Viertel und S. Brückner-Lucas, Krefeld
Arbeitszeitstudien an Haushaltwaschmaschinen
1957, 74 Seiten, 8 Abb., 13 Tab., DM 17,30

HEFT 394
Privatdozent Dr. med. W. Koch, Münster
Die Ablagerung radioaktiver Substanzen im Knochen
1958, 264 Seiten, 147 Abb., DM 51,00

HEFT 395
Dipl.-Ing. L. Hahn, Clausthal-Zellerfeld
Untersuchungen zur Frage des optimalen Bohrloch- und Patronendurchmessers
1957, 132 Seiten, 49 Abb., 19 Tab., DM 31,25

HEFT 396
Prof. Dr.-Ing. F. Schultz-Grunow, Dr.-Ing. A. Jogerich, Essen, Dipl.-Chem. H. Meyer, cand. ing. P. Sand, Aachen
Untersuchungen des Luftwiderstandes von Güterwagen
1957, 42 Seiten, 18 Abb., 5 Tab., DM 10,90

HEFT 397
Techn.-Wissenschaftliches Büro für die Bastfaserindustrie, Bielefeld
Ungleichmäßigkeiten in Bändern von Bastfaserkarden, ihre Ursachen und Auswirkungen
1957, 60 Seiten, 18 Abb., 1 Tab., DM 14,80

HEFT 398
Prof. Dr. habil. H. E. Schwiete, Aachen, u. a.
Einlagerungsversuche an synthetischem Mullit I. — Die Zusammensetzung der Schmelzphase in Schamottesteinen I
1957, 58 Seiten, 6 Abb., 9 Tab., DM 14,40

HEFT 399
Prof. Dr. habil. H. E. Schwiete und Dr.-Ing. R. Vinkeioe, Aachen
Möglichkeiten der quantitativen Mineralanalyse mit dem Zählrohrgerät unter besonderer Berücksichtigung der Mineralgehaltsbestimmung von Tonen
1958, 102 Seiten, 34 Abb., 1 Tabelle, DM 26,70

HEFT 400
Prof. Dr. phil. W. Fuchs und Dipl.-Chem. H. Weyerstrass, Aachen
Entwicklung eines Heißfilters zur Reinigung von Gichtgas eines mit Kohle betriebenen Niederschachtofens
1958, 88 Seiten, 30 Abb., DM 20,20

HEFT 401
Prof. Dr.-Ing. M. Lipp und Dipl.-Chem. G. Frielingsdorf, Aachen
Darstellung reaktionsfähiger Verbindungen des Camphansystems und Versuche zu deren Fluorierung
1957, 84 Seiten, DM 17,—

HEFT 402
Prof. Dr. W. Linke, Aachen
Die Wärmeübertragung durch Thermopane-Fenster
1958, 44 Seiten, 17 Abb., 2 Tabellen, DM 10,80

HEFT 403
Prof. Dr.-Ing. P. Denzel und Dipl.-Ing. W. Cremer, Aachen
Verbesserung der Benutzungsdauer der Höchstlast in ländlichen Netzen durch Anwendung elektrischer Geräte in der Landwirtschaft
1957, 46 Seiten, 23 Abb., DM 12,10

HEFT 404
Prof. Dr. R. Jaeckel und Dipl.-Phys. F. Gross, Bonn
Die Löslichkeit von Gasen in schwerflüchtigen organischen Flüssigkeiten
1957, 46 Seiten, 17 Abb., 1 Tab., DM 11.50

HEFT 405
Prof. Dr.-Ing. H. Opitz und Dipl.-Ing. H. Schuler, Aachen
Untersuchungen für einen Wirtschaftlichkeitsvergleich der Feinbearbeitungsverfahren
1958, 72 Seiten, 43 Abb., DM 17,90

HEFT 406
W. Kirsch, Remscheid
Entwicklungsarbeiten auf dem Gebiete des Korrosionsschutzes
1957, 86 Seiten, 28 Abb., 11 Tabellen, DM 19,—

HEFT 407
Prof. Dr.-Ing. H. Schenk, Aachen, und Dr.-Ing. W. Wenzel, Bad Godesberg
Entwicklungsarbeiten auf dem Gebiete der Verhüttung von Erzstaub in Schmelzkammern
1957, 82 Seiten, 9 Abb., 18 Tabellen, DM 17,10

HEFT 408
Prof. Dr. phil. F. Wever, Dr.-Ing. W. Lueg und Dr.-Ing. H. G. Müller, Düsseldorf
Kraft- und Arbeitsbedarf beim Warmscheren von Stahl in Abhängigkeit von Temperatur und Schnittgeschwindigkeit
1957, 46 Seiten, 15 Abb., 3 Tab., DM 11,35

WESTDEUTSCHER VERLAG · KÖLN UND OPLADEN

HEFT 409
Prof. Dr. phil. F. Wever, Dr. phil. W. Koch, Dr. rer. nat. Ch. Ilschner-Gensch und Dipl.-Phys. H. Rohde, Düsseldorf
Das Auftreten eines kubischen Nitrids in aluminiumlegierten Stählen
1957, 38 Seiten, 12 Abb., 3 Tabellen, DM 10,10

HEFT 410
Prof. Dr. phil. F. Wever, Prof. Dr. rer. techn. A. Kochendörfer, Dr. phil. nat. M. Hempel, Düsseldorf und Dipl.-Phys. E. Hillenhagen, Köln
Biegewechselversuche mit Flachproben aus Alpha-Eisen-Einkristallen zur Bestimmung der Wechselfestigkeit und der Gleitspuren
1957, 112 Seiten, 58 Abb., 3 Tabellen, DM 30,—

HEFT 411
Prof. Dr. W. Halbsguth und Dr. L. Sommer, Frankfurt/M.
Grundlegende Versuche zur Keimungsphysiologie von Pilzsporen
1957, 100 Seiten, 13 Abb., 32 Tabellen, DM 22,70

HEFT 412
Prof. Dr.-Ing. H. Opitz, Aachen
Kennwerte und Leistungsbedarf für Werkzeugmaschinengetriebe
1958, 72 Seiten, 35 Abb., DM 17,20

HEFT 413
Prof. Dr.-Ing. H. Opitz, Aachen
Richtwerte für das Fräsen von unlegierten und legierten Baustählen mit Hartmetall, Teil II
1957, 56 Seiten, 35 Abb., 4 Tabellen, DM 14,40

HEFT 414
Dr. med. H.-K. Parchwitz und Dr. med. C. Winkler, Bonn
Speicherung organischer Farbstoffe und künstlich radioaktiver Substanzen in Geschwülsten
1958, 46 Seiten, 14 Abb., DM 13,35

HEFT 415
Prof. Dr.-Ing. W. Paul, Dr. rer. nat. O. Osberghaus und Dipl.-Phys. E. Fischer, Bonn
Ein Ionenkäfig
1958, 56 Seiten, 18 Abb., DM 13,65

HEFT 416
Oberreg.-Gewerberat Dipl.-Ing. G. Steinicke, Hamburg
Die Wirkung von Lärm auf den Schlaf des Menschen
1957, 46 Seiten, 14 Abb., 8 Tab., DM 11,60

HEFT 417
Prof. Dr.-Ing. habil. E. Rößger, Berlin
I. Teil: Die Entwicklung des Weltluftverkehrs, Ergänzungsbericht 1954
II. Teil: Die zivile Luftfahrtpolitik der USA
1957, 230 Seiten, 6 Abb., 83 Tab., DM 48,—

HEFT 418
O. Gdaniec, Mülheim/Ruhr
Über die Randlochkarte als Hilfsmittel in der Dokumentation
1957, 44 Seiten, 15 Abb., 8 Tab., DM 10,10

HEFT 419
Dipl.-Ing. K. Brooks
Die Messungen der Reflexionseigenschaften künstlicher und natürlicher Materialien mit quasi-optischen Methoden bei Mikrowellen
1957, 78 Seiten, 52 Abb., DM 20,35

HEFT 420
Dipl.-Ing. M. Vogel, Oberpfaffenhofen
Das Spektralgebiet zwischen dem langwelligen Ultrarot und Mikrowellen
1957, 66 Seiten, 2 Abb., DM 13,50

HEFT 421
ORR Dipl.-Volkswirt Dr. H. Rogmann, Düsseldorf
Die Erforschung der Verkehrskonjunktur und der langzeitigen Dynamik in der Verkehrswirtschaft (Zusammenfassung der eingegangenen Stellungnahmen und Vorschläge)
1957, 168 Seiten, 3 Falttafeln, DM 26,60

HEFT 422
Prof. Dr.-Ing. K. Leist und Dipl.-Ing. W. Dettmering, Aachen
Prüfstände zur Messung der Druckverteilung an rotierenden Schaufeln
in Vorbereitung

HEFT 423
Prof. Dr.-Ing. K. Leist und Dr.-Ing. O. Thun, Aachen
Strömungsmessungen über Brennkammer-Wirkungsgrade
in Vorbereitung

HEFT 424
Prof. Dr.-Ing. K. Leist und Dipl.-Ing. I. Weber, Aachen
Spannungsoptische Untersuchungen von rotierenden Scheiben mit exzentrischen Bohrungen
1958, 74 Seiten, 80 Abb., 7 Tab., DM 22,65

HEFT 425
Dipl.-Ing. H. Lübke, Hamburg
Gasturbinen und Strahlantriebe für Hubschrauber
1958, 120 Seiten, 70 Abb., 9 Falttafeln, 1 Tab., DM 30,40

HEFT 426
Prof. Dr.-Ing. H. Opitz und Dipl.-Ing. W. Scholz, Aachen
Untersuchungen über den Räumvorgang
1957, 74 Seiten, 36 Abb., 7 Tab., DM 16,55

HEFT 427
Dr.-Ing. J. Endres, München
Kinematische Untersuchung eines Zweitakt-Hochleistungs-Dieseltriebwerks mit achsparallelen Zylindern und gegenläufigen Kolben
1958, 46 Seiten, 15 Abb., DM 11,55

HEFT 428
Dr.-Ing. J. Endres, München
Untersuchungen der Beschleunigungsverhältnisse eines Zweitakt-Hochleistungs-Dieseltriebwerks mit achsparallelen Zylindern und gegenläufigen Kolben
in Vorbereitung

HEFT 429
Prof. Dr. O. Kuhn, Köln
Selektive Wirkung verschiedener Stoffgruppen auf tierische Gewebe
1957, 54 Seiten, 32 Abb., DM 13,15

HEFT 430
Prof. Dr. G. Garbotz, Aachen und Dr.-Ing. G. Dress, Cadiz
Untersuchungen über das Kräftespiel an Flachbagger-Schneidwerkzeugen in Mittelsand und schwach bindigem, sandigem Schluff unter besonderer Berücksichtigung der Planierschilde und ebenen Schürfkübelschneiden
1958, 156 Seiten, 81 Abb., DM 37,50

HEFT 431
Prof. Dr.-Ing. H. Winterhager, Dr.-Ing. R. Kammel und Dipl.-Ing. W. Barthel, Aachen
Fortschritte auf dem Gebiet der Titanmetallurgie 1950—1955
1957, 160 Seiten, DM 34,50

HEFT 432
Dipl.-Phys. R. Werz, Bonn
Die Entwicklung einer Synchrozyklotron-Ionenquelle
1958, 122 Seiten, 90 Abb., 1 Tabelle, DM 30,30

HEFT 433
Dr.-Ing. G. Satlow, Aachen
Über einige physikalische und chemische Eigenschaften der Wolle von der gewaschenen Wolle bis zum Kammzug
1957, 72 Seiten, 15 Abb., 19 Tab., DM 15,25

HEFT 434
Dipl.-Ing. W. Rohs und Dr. J. Geurten, Bielefeld
Schlichten für Baumwollgarne
1957, 108 Seiten, 3 Abb., zahlreiche Tab., DM 23,70

HEFT 435
Dipl.-Ing. W. Rohs und Dipl.-Ing. L. Steinmetz, Bielefeld
Die Masseungleichmäßigkeit von Flachstreckenbändern in Abhängigkeit von Verzug und Dopplung
1957, 42 Seiten, 4 Abb., 2 Tabellen, DM 9,90

HEFT 436
Priv.-Doz. Dr. habil. J. Juilfs, Krefeld
Zur Bestimmung der Reißlast (Zugfestigkeit) von Fasern, Fäden und Garnen
in Vorbereitung

HEFT 437
Prof. Dr. G. Schmölders und Dr. I. Meyer, Köln
Geldwertbewußtsein und Münzpolitik. — Das sogenannte Gresham'sche Gesetz im Lichte der ökonomischen Verhaltensforschung
1957, 92 Seiten, DM 20,30

HEFT 438
Prof. Dr.-Ing. H. Winterhager und Dr.-Ing. L. Werner, Aachen
Bestimmung des elektrischen Leitvermögens geschmolzener Fluoride
1957, 52 Seiten, 18 Abb., 10 Tab., DM 11,90

HEFT 439
Prof. Dr. phil. H. Lange, Köln und Dr. rer. nat. R. Kohlhaas, Neuß/Rh.
Anwendung der thermomagnetischen Analyse zum Studium des Umwandlungsverhaltens von Eisenwerkstoffen im Temperaturbereich von —150°C bis +1500°C
1958, 108 Seiten, 72 Abb., 2 Tabellen, DM 27,10

HEFT 440
Dr.-Ing. H. Wolf, Aachen
Gekoppelte Hochfrequenzleitungen als Richtkoppler
1958, 122 Seiten, 44 Abb., DM 31,60

HEFT 441
Dr. phil. habil. P. Hölemann und Ing. R. Hasselmann, Düsseldorf
Messung des Temperatur- und Druckverlaufes beim Füllen und Entspannen von Dissousgas
1957, 52 Seiten, 6 Abb., 7 Tab., DM 11,25

HEFT 442
Dipl.-Ing. W. Rohs, Text.-Ing. Griese und Text.-Ing. W. Lauer, Bielefeld
Die Auswirkungen der Trocknungsart naßgesponnener Leinengarne auf deren Verarbeitungswirkungsgrad sowie auf die Festigkeits- und Dehnungseigenschaften der Garne und Gewebe
1957, 28 Seiten, 2 Abb., 3 Tab., DM 6,50

HEFT 443
Prof. Dr. phil. W. Weizel und K. Kluth, Bonn
Über die Struktur der positiven Gleitentladungen
1957, 44 Seiten, 30 Abb., DM 12,20

HEFT 444
Dr.-Ing. W. Wilhelm, Aachen
Einfluß der Saugrohrabmessung, der Einlaßsteuerlage und der Größe des Kurbelkastenvolumens auf den Ladungswechsel eines Einzylinder-Zweitakt-Dieselmotors
1958, 104 Seiten, 22 Abb., DM 22,40

HEFT 445
Dr.-Ing. E. Barz, Remscheid
Fertigungs- und Prüfverfahren für Feilen
vergriffen

HEFT 446
Dr. med. G. Schäfer
Glutationsstoffwechsel und Sauerstoffmangel
1957, 28 Seiten, 5 Tab., DM 6,40

HEFT 447
Prof. Dr.-Ing. F. Bollenrath, Aachen, Dr.-Ing. H. Füllenbach, Seesen/Harz und Dipl.-Ing. J. Schumacher, Neubeckum/Westf.
Entwicklung rationell arbeitender Spritzkabinen
1958, 56 Seiten, 26 Abb., DM 13,55

HEFT 448
Dr. med. C. Winkler, Bonn
Ein Koinzidenz-Szintillometer zum Zwecke der Schilddrüsenfunktionsdiagnostik und der Tumordiagnostik
1957, 32 Seiten, 12 Abb., DM 8,35

HEFT 449
Priv.-Doz. Oberbaurat Dr.-Ing. W. Meyer zur Capellen und Mitarbeiter, Aachen
Bewegungsverhältnisse an der geschränkten Schubkurbel
in Vorbereitung

HEFT 450
Prof. Dr.-Ing. W. Paul, Bonn, und Dipl.-Phys. H. P. Reinhard, M.-Gladbach
Das elektrische Massenfilter als Isotopentrenner
1958, 56 Seiten, 20 Abb., DM 13,50

HEFT 451
Prof. Dr. G. Schmölders, Köln
Rationalisierung und Steuersystem
1957, 78 Seiten, DM 17,15

HEFT 452
Prof. Dr. rer. nat. W. Weltzien und Dr. phil. K. Windeck, Krefeld
Veränderungen an Fasern bei der Bleiche mit Natriumchlorid und über einige Vergilbungserscheinungen
1957, 64 Seiten, 3 Abb., 13 Tabellen, DM 14,85

HEFT 453
Forschungsinstitut der Feuerfest-Industrie, Bonn
Die Arbeiten der technisch-wissenschaftlichen Kommission der PRE (Vereinigung der europäischen Feuerfest-Industrie)
1957, 62 Seiten, 9 Abb., 18 Tabellen, DM 14,75

HEFT 454
Dr.-Ing. W. Piepenburg, Dipl.-Ing. B. Bühling und Bauing. J. Behnke, Köln
Haftfestigkeit der Putzmörtel
1958, 128 Seiten, 6 Abb., 63 Tabellen, DM 28,30

WESTDEUTSCHER VERLAG · KÖLN UND OPLADEN

HEFT 455
Dr.-Ing. W. A. Fischer, Dr.-Ing. H. Treppschuh und Dipl.-Phys. K. H. Köthemann, Düsseldorf
Erschmelzung von Reinsteisen nach dem Kohlenstoffproduktionsverfahren und Kerbschlagzähigkeit-Temperatur-Kurven dieses Eisens
1957, 38 Seiten, 7 Abb., 6 Tabellen, DM 9,35

HEFT 456
Priv.-Doz. Dir. Dr.-Ing. K. Bungardt, Essen
Zeitstandversuche an austenitischen Stählen und Legierungen
in Vorbereitung

HEFT 457
Prof. Dr. phil. F. Wever, Düsseldorf und Dr. phil. W. Wepner, Köln
Dämpfungsmessungen an schwach gereckten Eisen-Kohlenstoff-Legierungen
1957, 34 Seiten, 7 Abb., 3 Tab., DM 8,40

HEFT 458
Prof. Dr.-Ing. H. Schenck und Dr.-Ing. E. Schmidtmann, Aachen
Das Frischen von Thomas-Roheisen mit Sauerstoff-Wasserdampf-Gemischen und die Eigenschaften der damit erblasenen Stähle
1957, 62 Seiten, 56 Abb., DM 16,35

HEFT 459
Prof. Dr. phil. F. Wever, Dr. phil. O. Krisement und Hanna Schädler, Düsseldorf
Ein isothermes Mikrokalorimeter zur kinetischen Messung von Umwandlungs- und Ausscheidungsvorgängen in Legierungen
1957, 44 Seiten, 14 Abb., DM 10,75

HEFT 460
Prof. Dr. phil. F. Wever und Dr. rer. nat. B. Ilschner, Düsseldorf
Ein isothermes Lösungskalorimeter zur Bestimmung thermo-dynamischer Zustandsgrößen von Legierungen
1957, 44 Seiten, 7 Abb., 4 Tabellen, DM 10,40

HEFT 461
Prof. Dr.-Ing. habil. E. Piwowarski †, Prof. Dr.-Ing. W. Patterson und Dipl.-Ing. F. W. Iske, Aachen
Verbesserung der Zähigkeitseigenschaften von Bessemer-Stahlguß
1958, 54 Seiten, 15 Abb., 16 Tabellen, DM 12,75

HEFT 462
Prof. Dr. rer. nat. J. Weissinger
Zur Aerodynamik des Ringflügels — II. Die Ruderwirkung
Zur Aerodynamik des Ringflügels — III. Der Einfluß der Profildicken
1957, 82 Seiten, 7 Abb., 6 Tabellen, DM 18,20

HEFT 463
Dipl.-Ing. G. Plüss, Essen-Steele
Die Aufteilung der verbrennlichen Bestandteile in Verbrennungsgasen auf CO und H_2 bei Verbrennung mit Luftunterschuß und bei Luftüberschuß und künstlicher Flammenkühlung
1957, 34 Seiten, 7 Abb., 2 Tabellen, DM 8,40

HEFT 464
Dr. phil. habil. P. Hölemann und Ing. R. Hasselmann, Dortmund
Die Möglichkeit der Zündung von Acetylen in Rohrleitungen beim Ausblasen mit Stickstoff
1957, 38 Seiten, 6 Abb., 6 Tabellen, DM 9,20

HEFT 465
Dr.-Ing. R. Koch, Köln
Amerikanische Fertigungsunterlagen und ihre Werkstattreifmachung für deutsche Betriebe
in Vorbereitung

HEFT 466
Prof. Dr.-Ing. J. Mathieu, Aachen
Überbetrieblicher Verfahrensvergleich
1958, 68 Seiten, 16 Abb., DM 16,65

HEFT 467
Prof. Dr. Dr. h. c. E. Klenk und Dr. phil. H. Faillard, Köln
Neue Erkenntnisse über den Mechanismus der Zellinfektion durch Influenzavirus
Die Bedeutung der Neuraminsäure als Zellreceptor für das Influenzavirus
1957, 52 Seiten, 5 Abb., DM 14,40

HEFT 468
Prof. Dr. med. Dr. med. dent. G. Korkhaus und Dr. med. R. Alfter, Bonn
Die Vakuumwurzelbehandlung
1958, 52 Seiten, 51 Abb., DM 16,55

HEFT 469
Dr. sc. agr. F. Riemann und Dipl.-Volksw. R. Hengstenberg, Göttingen
Zur Industrialisierung kleinbäuerlicher Räume
1957, 138 Seiten, 4 Karten, 23 Tab., DM 27,—

HEFT 470
O. Wehrmann
Hitzdrahtmessungen in einer aufgespaltenen Kármánschen Wirbelstraße
1957, 42 Seiten, 14 Abb., 4 Tabellen, DM 10,90

HEFT 471
Prof. Dr. phil. habil. A. Naumann, Dr.-Ing. A. Heyser und Dr. phil. Dipl.-Ing. W. Trommsdorf, Aachen
Der Überdruck-Windkanal in Aachen
1957, 44 Seiten, 20 Abb., DM 11,—

HEFT 472
Dipl.-Ing. A. Freitag, Essen-Steele
Verhalten von Katalytstrahlern bei Betrieb mit Luftvormischung zum Gas und der Verbrennung von Luft gegen eine Gasatmosphäre
1958, 44 Seiten, 18 Abb., 1 Tabelle, DM 11,10

HEFT 473
Prof. Dr. phil. F. Wever, Dr.-Ing. W. Lueg und Dipl.-Ing. P. Funke jr. Düsseldorf
Versuche an einer hydraulischen 25 t-Stangenziehbank
1957, 34 Seiten, 11 Abb., DM 8,95

HEFT 474
Dr.-Ing. R. Ibing und Dipl.-Ing. G. Meier, Hannover
Eichung und Entwicklung von Staubentnahmesonden
1958, 32 Seiten, 9 Abb., 2 Tabellen, DM 8,65

HEFT 475
Prof. Dipl.-Ing. W. Sturtzel, Obering. Helm und Dipl.-Ing. Heuser, Duisburg
Systematische Ruderversuche mit einem Schleppkahn und einem Binnenselbstfahrer vom Typ „Gustav Koenigs"
1958, 84 Seiten, 38 Abb., 4 Tabellen, DM 20,10

HEFT 476
Prof. Dipl.-Ing. W. Sturtzel und Dipl.-Ing. G. Schmidt-Stiebitz, Duisburg
Einfluß der Hinterschiffsform auf das Manövrieren von Schiffen auf flachem Wasser
in Vorbereitung

HEFT 477
Dr. K. Utermann, Dortmund
Freizeitprobleme bei der männlichen Jugend einer Zechengemeinde
1957, 56 Seiten, DM 12,75

HEFT 478
Prof. Dr.-Ing. habil. W. Petersen und Dr.-Ing. S. Wawroschek, Aachen
Brikettierungsversuche zur Erzeugung von Möllerbriketts unter Verwendung von Braunkohle
1957, 102 Seiten, 42 Abb., 6 Tabellen, DM 24,25

HEFT 479
Prof. Dr.-Ing. W. Wegener, Aachen, und Dipl.-Ing. H. Fourné, Bochum
Ursachen des Überschreitens der Toleranzgrenze nach oben oder unten (Meter pro Gramm) an der Strecke
1958, 60 Seiten, 17 Abb., 3 Tabellen, DM 14,60

HEFT 480
Dr. phil. K. Brücker-Steinkuhl, Düsseldorf
Anwendung mathematisch-statistischer Verfahren bei der Fabrikationsüberwachung
in Vorbereitung

HEFT 481
Oberbaurat Dr.-Ing. W. Meyer zur Capellen, Aachen
Fünf- und sechspunktige Geradführung in Sonderlagen des ebenen Gelenkvierecks
in Vorbereitung

HEFT 482
Dipl.-Ing. R. Pels-Leusden und Dr. K. Bergmann, Essen
Die Frostbeständigkeit von Ziegeln; Einflüsse der Materialzusammensetzung und des Brandes
1958, 84 Seiten, 31 Abb., 4 Tab., DM 20,45

HEFT 483
Prof. Dr.-Ing. habil. F. A. F. Schmidt, Aachen
Gemischbildungs-, Selbstzündungs- und Verbrennungsvorgänge als Grundlage für Entwicklungsarbeiten an Gasturbinenbrennkammern
in Vorbereitung

HEFT 484
Prof. Dr. habil. H. E. Schwiete und Dr. G. Schwiete, Aachen
Beitrag zur Struktur des Montmorillonit
in Vorbereitung

HEFT 485
Prof. Dr. phil. E. Jenckel, Aachen, Dr. H. Wilsing, Dormagen, Dr. H. Dörffurt, Wesseling/Bez. Köln und Dipl.-Phys. H. Rinkens, Eschweiler
Kristallisation der Hochpolymeren
in Vorbereitung

HEFT 486
Doz. Dr. med. E. Lerche und Dr. med. J. Schulze, Aachen
Hörermüdung und Adaptation im Tierexperiment
1958, 44 Seiten, 12 Abb., DM 10,55

HEFT 487
Prof. Dipl.-Ing. W. Blume, Duisburg
Festigkeitseigenschaften kombinierter Leichtbaustoffe im Hinblick auf die Verkehrstechnik, insbesondere des Flugzeugbaus
1958, 102 Seiten, 31 Abb., 2 Tabellen, DM 25,50

HEFT 488
Prof. Dr. habil. H. E. Schwiete und Dipl.-Chem. H. Westmark
Beitrag zur Kennzeichnung der Texturen von Schamottesteinen
1958, 62 Seiten, 34 Abb., 7 Tab., DM 16,80

HEFT 489
Dipl.-Math. K. H. Müller
Strenge Lösungen der Navier-Stokes-Gleichung für rotationssymmetrische Strömungen
1957, 64 Seiten, 23 Abb., DM 14,85

HEFT 490
Hauptstelle für Staub- und Silikosebekämpfung des Steinkohlenbergbauvereins, Essen-Rüttenscheid
Zur Staub- und Silikosebekämpfung im Steinkohlenbergbau
in Vorbereitung

HEFT 491
Prof. Dr. Fr. Lotze und K. Kötter, Münster
Chloridgehalte des oberen Emsgebietes und ihre Beziehungen zur Hydrogeologie
in Vorbereitung

HEFT 492
Prof.-Dr. phil. J. Meixner und B. Manz, Aachen
Zur Theorie der irreversiblen Prozesse in α-Eisen
1958, 22 Seiten, 1 Abb., DM 5,70

HEFT 493
Prof. Dr. phil. habil. A. Naumann und Dipl.-Ing. H. Pfeiffer, Aachen
Versuche an Wirbelstraßen hinter Zylindern bei hohen Geschwindigkeiten
1958, 46 Seiten, 19 Abb., DM 11,65

HEFT 494
Dipl.-Ing. W. Rohs und Text.-Ing. Griese, Bielefeld
Entwicklung und Erprobung eines verbesserten elektrischen Kettfadenwächtergeschirrs für die Leinen- und Halbleinenweberei
1957, 56 Seiten, 9 Abb., 11 Tabellen, DM 13,—

HEFT 495
Prof. Dr. phil. E. Asmus und Dr. rer. nat. H.-F. Kurandt, Berlin
Einige analytische Anwendungen der Zincke-Königschen Reaktion
1958, 46 Seiten, 14 Abb., 7 Tabellen, DM 11,45

HEFT 496
Dipl.-Chem. P. Vogel, Krefeld
Färberische Eigenschaften von zur Herstellung von Verdickungen in der Stoffdruckerei bestimmten Stoffen
1957, 38 Seiten, 3 Abb., 3 Tabellen, DM 9,30

HEFT 497
Oberarzt Dr. med. G. Mußgnug, Bottrop
Die Knochenveränderungen und der Knochenstoffwechsel beim Sudeck-Syndrom
1958, 58 Seiten, 18 Abb., DM 13,85

HEFT 498
Prof. Dr.-Ing. H. Zahn und Dr. rer. nat. W. Gerstner, Aachen
Herstellung säurefester technischer Gewebe
1957, 40 Seiten, 8 Tabellen, DM 9,65

HEFT 499
Priv.-Doz. Dr. J. Juilfs, Krefeld
Die Bestimmung des Wasserrückhaltevermögens (bzw. des Quellwertes) von Fasern
1958, 42 Seiten, 8 Abb., 8 Tabellen, DM 10,35

WESTDEUTSCHER VERLAG · KÖLN UND OPLADEN

HEFT 500
Priv.-Doz. Dr. J. Juilfs, Krefeld
Vergleichende Untersuchungen am Schopper-Scheuerprüfgerät
1958, 74 Seiten, 34 Abb., verschied. Tab., DM 18,10

HEFT 501
Dipl.-Ing. W. Rohs und Dr. J. Geurten, Bielefeld
Untersuchungen in der Leinengarnbleiche
1958, 50 Seiten, 5 Abb., 5 Tabellen, DM 11,50

HEFT 502
Prof. Dr. M. Diem und Dr. R. Trappenberg, Karlsruhe
Berechnung der Ausbreitung von Staub und Gas
1957, 200 Seiten, mit zahlreichen Diagr., DM 37,30

HEFT 503
Dr. rer. nat. J. Faßbender, Bonn
Untersuchungen über die Eigenschaften von Cadmiumsulfid-Sandwich-Zellen
1957, 36 Seiten, 8 Abb., DM 8,80

HEFT 504
Prof. Dr. phil. F. Wever, Dr. phil. W. Wink und Dr. rer. nat. W. Jellinghaus, Düsseldorf
Versuchsanordnung zur Messung der Suszeptibilität paramagnetischer Stoffe und Meßergebnisse an Nickel-Chrom- und Kobalt-Nickel-Chrom-Werkstoffen
1958, 38 Seiten, 10 Abb., 2 Tabellen, DM 9,95

HEFT 505
Prof. Dr.-Ing. F. A. F. Schmidt und Dipl.-Ing. H. Heitland, Aachen
Einfluß des Selbstzündungsverhaltens der Kraftstoffe auf den Verbrennungsablauf, Wirkungsgrad und Druckverlust von Hochleistungsbrennkammern
in Vorbereitung

HEFT 506
Prof. Dr.-Ing. W. Meyer zur Capellen, Aachen
Der Flächeninhalt von Koppelkurven. — Ein Beitrag zu ihrem Formenwandel
in Vorbereitung

HEFT 507
Prof. Dr. H. Kaiser, Dr. G. Bergmann und Dr. G. Gresze, Dortmund
Kartei zur Dokumentation in der Molekülspektroskopie
in Vorbereitung

HEFT 508
Dr. H. Schmidt-Ries, Krefeld
Limnologische Untersuchungen des Rheinstromes I (Hydrobiologische und physiographische Untersuchungen)
1958, 76 Seiten, DM 33,90

HEFT 509
Dr. Schmidt-Ries, Krefeld
Limnologische Untersuchungen des Rheinstromes I (Tabellenwerk)
in Vorbereitung

HEFT 510
Prof. Dr. rer. nat. W. Groth und Dr.-Ing. K. Bayerle, Bonn
Anreicherung der Uranisotope nach dem Gaszentrifugenverfahren
1958, 88 Seiten, 43 Abb., DM 21,20

HEFT 511
H. Wahl, G. Kantenwein und W. Schäfer, Essen
Gesteinsbohr-Modellversuche zur Frage des Drehbohrens, Schlagbohrens und Drehschlagbohrens
in Vorbereitung

HEFT 512
Prof. Dr. H. Strassl, Bonn
Azimut-Monogramme für alle Stundenwinkel und Deklinationen im Bereich der geographischen Breiten von $-80°$ bis $+80°$
in Vorbereitung

HEFT 513
Prof. Dr. W. Schmitz und Dr. rer. F. Schmitt, Mülheim/Ruhr
Die Verwendung des Magnetbandgerätes zur Speicherung des Kurvenverlaufs elektrischer Ströme
1958, 68 Seiten, 35 Abb., DM 17,65

HEFT 514
Dr. rer. nat. M.-E. Meffert, Essen
Die Kultur von Scenedesmus obliquus in Abwasser
1957, 46 Seiten, 7 Abb., 7 Tabellen, DM 10,85

HEFT 515
Prof. Dr. habil. H. E. Schwiete und Dr.-Ing. Chr. Hummel, Aachen
Thermochemische Untersuchungen im System SiO_2 und Na_2O-SiO_2
1958, 122 Seiten, 29 Abb., 28 Tabellen, DM 28,00

HEFT 516
Prof. Dr.-Ing. H. Müller, Dipl.-Ing. F. Reinke und Dipl.-Ing. W. Sorgenicht, Essen
Gesamtstrahlungsmessungen der Temperaturstrahlung
in Vorbereitung

HEFT 517
Prof. Dr. med. G. Lehmann und Dr. med. J. Meyer-Delius, Dortmund
Gefäßreaktionen der Körperperipherie bei Schalleinwirkung
1958, 36 Seiten, 12 Abb., DM 9,15

HEFT 518
Dr.-Ing. H. Scheffler, Dortmund
Funktionelle Zusammenhänge der dynamischen Einflußgrößen beim handgeführten Druckluft-Abbauhammer und ihre Berücksichtigung für die Konstruktion rückstoßarmer Hämmer
in Vorbereitung

HEFT 519
Prof. Dr. phil. F. Wever, Dr. phil. W. Koch und Dr. phil. S. Eckhard, Düsseldorf
Die spektrographische Bestimmung der Spurenelemente in Stahl ohne vorherige Abbrennung
1958, 50 Seiten, 22 Abb., DM 12,60

HEFT 520
Prof. Dr.-Ing. H. Opitz, Dipl.-Ing. H. Obrig und Dipl.-Ing. P. Kips, Aachen
Untersuchung neuartiger elektrischer Bearbeitungsverfahren
1958, 58 Seiten, 35 Abb., DM 14,70

HEFT 521
Prof. Dr.-Ing. H. Opitz und Dipl.-Ing. K. E. Schwartz, Aachen
Das Abrichten von Schleifscheiben mit Diamanten
1958, 72 Seiten, 34 Abb., 3 Tabellen, DM 17,15

HEFT 522
J. Lorentz und K. Brocks
Elektrische Meßverfahren in der Geodäsie
1958, 118 Seiten, 49 Abb., 5 Tab., DM 28,—

HEFT 523
K. Eberts
Entwicklungen einiger Meßverfahren und einer Frequenz- und amplitudenstabilisierten Meßeinrichtung zur gleichzeitigen Bestimmung der komplexen Dielektrizitäts- und Permeabilitätskonstante von festen und flüssigen Materialien im rechteckigen Hohlleiter und im freien Raum bei Frequenzen von 9200 und 33000 MHz
1958, 132 Seiten, 37 Abb., DM 30,20

HEFT 524
Dr. rer. nat. S. Lockau, Emlichheim
Versuche zur Gewinnung von Kartoffeleiweiß
1958, 56 Seiten, 2 Abb., DM 12,70

HEFT 525
Prof. Dr. Dr. h.c. H. P. Kaufmann und Dr. F. Weghorst, Münster
Beiträge zur Chemie und Technologie der Fetthärtung I
in Vorbereitung

HEFT 526
Dr. phil. habil. P. Hölemann und Ing. R. Hasselmann, Dortmund
Einfluß der Oberflächenbeschaffenheit der Wandung auf den Ablauf von Azetylenexplosionen
1958, 62 Seiten, 8 Abb., 10 Tabellen, DM 14,50

HEFT 527
Dr. rer. nat. K. G. Müller, Hanau/W.
Wärmeübertragung auf eine Flugstaubströmung im senkrechten Rohr sowie auf eine durchströmte Schüttgutschicht
in Vorbereitung

HEFT 528
Dr. P. Ney und Dr. F. Schwarz, Köln
Physikochemische Grundlagen der Bildsamkeit von Kalken unter Einbeziehung des Begriffs der aktiven Oberfläche
Kristallchemische Betrachtung der Bildsamkeit
1958, 110 Seiten, 34 Abb., 6 Tabellen, DM 26,75

HEFT 529
Dr. phil. G. Riedel, Dortmund
Messung und Regelung des Klimazustandes durch eine die Erträglichkeit für den Menschen anzeigende Klimasonde
1958, 78 Seiten, 35 Abb., DM 17,95

HEFT 530
Prof. Dr. med. O. Graf, Dortmund
Nervöse Belastung im Betrieb — I. Teil: Nachtarbeit und nervöse Belastung
in Vorbereitung

HEFT 531
Prof. Dr.-Ing. habil. K. Krekeler, Dipl.-Ing. H. Verhoeven und Dipl.-Ing. H. Ernenputsch, Aachen
Autogenes Entspannen bei niedrigen Temperaturen
in Vorbereitung

HEFT 532
Prof. Dr.-Ing. habil. K. Krekeler, Dipl.-Ing. H. Verhoeven und Dipl.-Ing. W. Krieweth, Aachen
Schutzgasschweißen mit kontinuierlich abschmelzender Elektrode von niedriglegierten Kohlenstoffstählen (Sigma-Schweißen)
in Vorbereitung

HEFT 533
Prof. Dr.-Ing. H. Opitz und Dipl.-Ing. W. Hölken, Aachen
Untersuchung von Ratterschwingungen an Drehbänken
1958, 84 Seiten, 44 Abb., 2 Tab., DM 19,70

HEFT 534
Oberbergamtsdirektor H. Sanders, Dortmund
Seismische Forschungsarbeiten im Ostteil des Grubenfeldes König Ludwig
in Vorbereitung

HEFT 535
Dr.-Ing. J. Lennertz, Köln
Einfluß des Ausbaugrades und Benutzungsgrades nachrichtentechnischer Einrichtungen auf die Gesamtwirtschaft
in Vorbereitung

HEFT 536
Dr. rer. nat. C. W. Czernin-Chudenitz, Krefeld
Limnologische Untersuchungen des Rheinstromes. — Quantitative Phytoplanktonuntersuchungen
in Vorbereitung

HEFT 537
Dr.-Ing. N. Gössl, Frankfurt/M.
Probleme der Zugförderung im Zusammenhang mit der Ausnutzung der Atom-Energie
in Vorbereitung

HEFT 538
Prof. Dr. K. Hinsberg, Düsseldorf
Reaktion zur Frühdiagnose von Krebserkrankungen
1958, 28 Seiten, 1 Abb., 3 Tabellen, DM 7,00

HEFT 539
Prof. Dr. L. v. Ubisch, Norwegen
Die philogenetischen Symmetrieveränderungen bei den Seeigeln
in Vorbereitung

HEFT 540
Prof. Dr. rer. nat. H. Krebs, Bonn
Die katalytische Aktivierung des Schwefels
in Vorbereitung

HEFT 541
Prof. Dr. O. Schmitz-DuMont, Bonn
Reaktionen in flüssigem Ammoniak zur Gewinnung von 1. Titanylamid, 2. Oxykobalt(III)-amiden, 3. Ammonobasischen Kobalt(III)-benzylaten
in Vorbereitung

HEFT 542
Dr. phil. nat. G. Zapf, Schwelm
Entwicklung eines Verfahrens zur Herstellung von Formteilen aus Sintermessing
in Vorbereitung

HEFT 543
Prof. Dr. phil. habil. H. E. Schwiete, Dr. phil. H. Müller-Hesse und Dipl.-Ing. G. Gelsdorf, Aachen
Einlagerungsversuche an synthetischem Mullit. Teil II
1958, 42 Seiten, 5 Abb., 10 Tab., DM 10,—

HEFT 544
Prof. Dr. phil. habil. H. E. Schwiete, Dr.-Ing. A. K. Bose und Dr. phil. H. Müller-Hesse, Aachen
Die Schmelzphase in Schamottesteinen. — Teil II
in Vorbereitung

HEFT 545
Prof. Dr. phil. habil. H. E. Schwiete, Dr. rer. nat. G. Ziegler und Dipl.-Ing. Ch. Kliesch, Aachen
Thermochemische Untersuchungen über die Dehydration des Montmorillonits
in Vorbereitung

HEFT 546
Prof. Dr.-Ing. K. Leist und K. Graf, Aachen
Vergleich von Gleichdruck- und Verpuffungsgasturbinen
in Vorbereitung

HEFT 547
Prof. Dr.-Ing. K. Leist, K. Graf und D. Stojek, Aachen
Das betriebliche Verhalten von Gasturbinen-Fahrzeugen
in Vorbereitung

WESTDEUTSCHER VERLAG · KÖLN UND OPLADEN

HEFT 548
Prof. Dr.-Ing. K. Leist und J. Weber, Aachen
Spannungsoptische Untersuchungen von Turbinenscheiben mit angefrästen und eingesetzten Schaufeln
in Vorbereitung

HEFT 549
Dr.-Ing. R. Merten, Duisburg
Resonanzanpassung bei einem Tiefpaß
1958, 36 Seiten, 16 Abb., DM 9,-

HEFT 550
Dr. H. Stephan, Bonn
Elektrisches Standhöhenmeßgerät für Flüssigkeiten
1958, 40 Seiten, 13 Abb., 2 Tab., DM 10,10

HEFT 551
Prof. Dr. phil. W. Weizel und Dipl.-Phys. B. Brandt, Bonn
Betriebsbedingungen einer stromstarken Glimmentladung
1958, 68 Seiten, 18 Abb., DM 16,00

HEFT 552
Dr.-Ing. G. Leiber und Dipl.-Ing. D. Schauwinhold, Duisburg-Hamborn
Versuche zur Erzeugung halbberuhigten Stahles
1958, 42 Seiten, 23 Abb., 6 Tabellen, DM 11,30

HEFT 553
Prof. Dr. rer. pol. G. Garbotz und Dipl.-Ing. J. Theiner, Aachen
Untersuchungen der Walzverdichtungsvorgänge auf Lößlehm, Kies und Schotter
in Vorbereitung

HEFT 554
Prof. Dr.-Ing. H. Müller, Essen
Untersuchung von Elektrowärmegeräten für Laienbedienung hinsichtlich Sicherheit und Gebrauchsfähigkeit. — Teil II: Temperaturen an und in schmiegsamen Elektrogeräten
in Vorbereitung

HEFT 555
Prof. Dr. med. H. Elbel und Dipl.-Phys. K. Sellier, Bonn
Der Nachweis kleinster CO-Mengen in Körperflüssigkeiten
1958, 36 Seiten, 12 Abb., DM 9,10

HEFT 556
Prof. Dr. A. Gütgemann und Dr. med. G. Karcher, Bonn
Klinische und experimentelle Untersuchungen mit Hilfe einer künstlichen Niere
1958, 28 Seiten, 4 Abb., DM 7,10

HEFT 557
Dr.-Ing. H. Schiffers, Dipl.-Ing. D. Ammann, Dipl.-Ing. E. Brugger und R. Dicke, Aachen
Härtbarkeit von Gußeisen mit Lamellen- und Kugelgraphit in Abhängigkeit von Zusammensetzung und Gefüge
1958, 44 Seiten, 24 Abb., 1 Tab., DM 11,—

HEFT 558
Dr. phil. C. A. Roos, Aachen
Menschlich bedingte Fehlleistungen im Betrieb und Möglichkeiten ihrer Verringerung
in Vorbereitung

HEFT 559
Prof. Dr. H. E. Schwiete und Dipl.-Chem. R. Gauglitz, Aachen
Die Verflüssigung von Montmorillonitschlämmen
in Vorbereitung

HEFT 560
Prof. Dr. med. J. Vonkennel und Dr. G. Froitzheim, Köln
Zur Prüfung silikonhaltiger Hautschutzsalben
in Vorbereitung

HEFT 561
Prof. Dipl.-Ing. W. Sturtzel und Dr.-Ing. Schmidt-Stiebitz, Duisburg
Verbesserung des Wirkungsgrades von Düsenpropellern durch zusätzlich angeordnete Mischdüsen
in Vorbereitung

HEFT 562
Prof. Dr.-Ing. H. Schenck, Prof. Dr. phil. habil N. G. Schmahl und Dr.-Ing. G. Funke, Aachen
Die Reduzierbarkeit von Eisenerzen

HEFT 563
Dr. D. v. Oppen, Dortmund
Beiträge zur Soziologie der Gemeinde im Ruhrgebiet.— II. Familien in ihrer Umwelt
in Vorbereitung

HEFT 565
Dr. K. Hahn und Dr. R. Mackensen, Dortmund
Beiträge zur Soziologie der Gemeinde im Ruhrgebiet. — IV. Die kommunale Neuordnung des Ruhrgebietes, dargestellt am Beispiel Dortmunds
in Vorbereitung

HEFT 566
Dr. H. Klages, Dortmund
Der Nachbarschaftsgedanke und die nachbarliche Wirklichkeit in der Großstadt
in Vorbereitung

HEFT 567
Dr. rer. nat. K. Sauerwein, Düsseldorf
Anwendungen radioaktiver Isotope in der Technik
in Vorbereitung

HEFT 568
Prof. Dr. Alde, Dipl.-Chem. M. Dollhausen und Dipl.-Chem. M. Tremery, Köln
Über einige neue Reaktionen des Indens
in Vorbereitung

HEFT 569
Dr. phil. habil. P. Hölemann, Ing. R. Hasselmann und J. Strootmann, Düsseldorf
Acetylenverluste an Naßentwicklern
in Vorbereitung

HEFT 570
Dr.-Ing. habil. K. Krekeler, Dr.-Ing. H. Peukert und Dipl.-Ing. O. Schwarz, Aachen
Kerbempfindlichkeit thermoplastischer Kunststoffe abhängig von der Kerbform und der Beanspruchungstemperatur
in Vorbereitung

HEFT 571
Privatdozent Dr. med. W. Klosterkötter, Münster
Wirkung der Kieselsäure bei der Entstehung der Silikose
1958, 166 Seiten, 98 Abb., DM 41,95

HEFT 572
Dipl.-Kaufmann Dipl.-Volksw. Jean-Baptiste Felten, Köln
Wert und Bewertung ganzer Unternehmungen unter besonderer Berücksichtigung der Energiewirtschaft
in Vorbereitung

HEFT 573
Prof. Dr. phil. F. Wever, Dr. rer. nat. W. Jellinghaus und Dr.-Ing. Toshimori Shuin, Düsseldorf
Gemischt-keramische Sinterwerkstoffe aus Aluminiumoxyd und Eisen oder Eisenlegierungen
in Vorbereitung

HEFT 574
Dr.-Ing. habil. H. Klingelhöffer, München
Trocknungsvorgänge beim Beschichten von Papier und Pappen mit Kunststoffdispersionen
in Vorbereitung

HEFT 575
Prof. Dr. phil. habil. C. Kröger, Aachen
Verkokungsverhalten der Steinkohlenmacerale und ihrer Mischungen
in Vorbereitung

HEFT 576
Prof. Dr. F. Micheel und Dr. H. G. Bussmann, Münster
Untersuchung synthetischer Kohlenhydrat-Eiweißverbindungen mit der Ultracentrifuge bei der Elektrophorese
in Vorbereitung

HEFT 577
S. Ruff u. a.
Untersuchungen zur therapeutischen Anwendung des Sauerstoffmangels
1958, 128 Seiten, 30 Abb., DM 29,10

HEFT 578
G. Fellner
Der Einfluß der Fluggeschwindigkeit auf die Wirtschaftlichkeit von Durch- und Ausstromtriebwerk
in Vorbereitung

HEFT 579
Dipl.-Ing. H. J. Koch, Essen
Untersuchungen über den Abhebedruck von Brenngasen
in Vorbereitung

HEFT 580
Prof. Dr.-Ing. A. Götte und Dipl.-Chem. G. Scholz, Aachen
Unterstützung der Entwässerung von Feinkohle durch chemische Hilfsmittel

HEFT 581
Obermedizinalrat a. D. Dr. med. F. Bassermann, Regensburg
Elektronenoptische Untersuchungen an Ultradünnschnitten des Tuberkulose-Erregers sowie der käsigen Gewebsnekrose und zum Problem des Vorkommens einer mycobakteriellen L-Phase
in Vorbereitung

HEFT 582
Dr. phil. C. A. Roos, Aachen
Arbeitsleistung und Arbeitsgüte
in Vorbereitung

HEFT 583
Prof. Dr. phil. F. Kirchner, Dipl.-Phys. H. Baron und Dipl.-Phys. H. Kirchner, Köln
Verwendbarkeit von Zählrohren zu massenspektrometrischen Untersuchungen
in Vorbereitung

HEFT 584
G. Kroebel, Köln
Maßnahmen der Nachwuchs- und Talentförderung im Deutschen Gewerkschaftsbund
1958, 72 Seiten, DM 16,35

HEFT 585
Dr. phil. M. Simoneit, Köln
Gedanken und Vorschläge zur Auslese technischer Talente
in Vorbereitung

HEFT 586
Dr.-Ing. W. A. Fischer und Dr. rer. nat. A. Hoffmann, Düsseldorf
Verhalten von Eisen- und Stahlschmelzen im Hochvakuum
in Vorbereitung

HEFT 587
Dipl.-Ing. H. Schmidt, Krefeld
Auswirkung der Strömungsverhältnisse in Trommelwaschmaschinen unter besonderer Berücksichtigung des Durchlaufspülens
in Vorbereitung

HEFT 588
Dr.-Ing. W. Wilhelm, Aachen
Untersuchungen über den Einfluß der Auspuffrohrabmessungen auf den Ladungswechsel einer Einzylinder-Zweitakt-Vergasermaschine mit Kurbelkastenspülung
in Vorbereitung

HEFT 589
Prof. Dr. phil. habil. C. Kröger, Aachen
Wärmebedarf der Silikatglasbildung
in Vorbereitung

HEFT 590
Übergabe des Synchro-Zyklotrons an das Institut für Strahlen- und Kernphysik der Universität Bonn am 8. Mai 1957
in Vorbereitung

HEFT 591
Dr. Schairer, Köln
Aufgabe, Struktur und Entwicklung der Stiftungen
in Vorbereitung

HEFT 592
Verein zur Förderung des Forschungsinstituts für Rationalisierung an der Rhein.-Westf. Technischen Hochschule Aachen
Das Forschungsinstitut für Rationalisierung an der Rhein.-Westf. Technischen Hochschule Aachen
in Vorbereitung

HEFT 593
Dr. phil. C. A. Roos, Aachen
Berufseignung und Berufseinsatz — I. Teil
in Vorbereitung

HEFT 594
Prof. Dr. A. Nikuradse, München
Energieabsorption von Atomkernstrahlen in organischen Stoffen und durch sie hervorgerufene Reaktionsprozesse
in Vorbereitung

HEFT 595
Prof. Dr. A. Nikuradse und Dipl.-Phys. K. Kugler, München
Einfluß der molekularen bzw. atomaren Beschaffenheit der Festwandoberflächenschicht auf die Wechselwirkung zwischen auftreffenden Gasmolekülen und der Wand

HEFT 596
Dipl.-Ing. K.-H. Hardieck, Aachen
Theoretische und experimentelle Untersuchungen der stationären Vorgänge in magnetischen Verstärkern
in Vorbereitung

HEFT 597
Prof. Dr. phil. F. Wever, Dr. phil. W. Wink und Dr. rer. nat. W. Jellinghaus, Düsseldorf
Suszeptibilitätsmessungen an hochwarmfesten Legierungen auf Nickel-Chrom- und Kobalt-Nickel-Chrom-Grundlage
in Vorbereitung

HEFT 598
Prof. Dr.-Ing. F. A. F. Schmidt, Aachen
Hydrodynamische und mechanische Gesetzmäßigkeit eines nach dem Scheibenverteilerprinzip arbeitenden Einspritzsystems für Ottomotore
in Vorbereitung

WESTDEUTSCHER VERLAG · KÖLN UND OPLADEN

HEFT 599
Dr. phil. W. Koch und Dipl.-Phys. Dr. phil. H. Sundermann, Düsseldorf
Elektrochemische Grundlagen der Isolierung von Gefügebestandteilen in metallischen Werkstoffen
in Vorbereitung

HEFT 600
Dr. phil. W. Koch, Dr. phil. S. Eckhard und Dr. rer. nat. F. Stricker, Düsseldorf
Die lichtelektrische Spektralanalyse der Gase im Stahl
in Vorbereitung

HEFT 601
W. Barbo und E. Stiller, Köln
Die Lage des Technisch-Wissenschaftlichen Nachwuchses und der Technisch-Wissenschaftlichen Hochschulen in der Bundesrepublik
in Vorbereitung

HEFT 602
H. von Stebut, Köln
Die Hochschulen in der Aufwärtsentwicklung Westdeutschlands
in Vorbereitung

HEFT 603
Prof. Dr.-Ing. L. Engel und Dr.-Ing. J. Foerster, Clausthal-Zellerfeld
Gummielastische Stoffe als Dämpfungselemente an schlagenden Werkzeugen
in Vorbereitung

HEFT 604
Dipl.-Ing. H. Gröttrup, Aachen
Studienanalyse halbautomatischer Dokumentationsselektoren
in Vorbereitung

HEFT 605
Ing. L. Bommes, M.-Gladbach
Bestimmung von Leistung und Wirkungsgrad eines Ventilators
in Vorbereitung

HEFT 606
Oberbaurat Prof. Dr.-Ing. W. Meyer zur Capellen, Aachen
Eine Getriebegruppe mit stationärem Geschwindigkeitsverlauf
in Vorbereitung

HEFT 607
Prof. Dr. rer. pol. H. Jecht, Münster
Die Wettbewerbslage der westdeutschen Juteindustrie
in Vorbereitung

HEFT 608
Prof. Dr. habil. W. Linke und Dipl.-Ing. W. Hufschmidt, Aachen
Wärmeübergang bei pulsierender Strömung
in Vorbereitung

HEFT 609
Technisch-Wissenschaftliches Büro für die Bastfaserindustrie, Bielefeld
Verteilung der Bastfasern im Verzugsfeld einer Nadelstabstrecke
1958, 56 Seiten, 10 Abb., 2 Tab., DM 13,45

HEFT 610
Prof. J. W. Korte, Dr.-Ing. P. A. Mäcke und Dipl.-Ing. R. Lapierre
Gestaltung von Straßenverkehrsanlagen
in Vorbereitung

HEFT 611
Dr. R. Schairer, Köln
Aufgaben der Talentförderung
in Vorbereitung

HEFT 612
Dr. H. Bauer, Köln
Der Betrieb als Bildungsfaktor
in Vorbereitung

HEFT 613
Prof. Dr. phil. habil. E. Graeser, Göttingen
Vergleichende Studien über die Art, die Bedeutung und den Erfolg der Ausbildung von Ingenieuren, Mathematikern und Naturwissenschaftlern in der sogenannten Deutschen Demokratischen Republik und in der Bundesrepublik
in Vorbereitung

HEFT 614
Prof. Dr. W. Weltzien, Krefeld
Die Textilforschungsanstalt Krefeld 1920—1958
Ein Bericht zur Einweihung ihres Neubaus Frankenring 2
1958, 100 Seiten, 16 Abb., 23,50

HEFT 615
Prof. Dr. W. Weizel und Duk Hyun Whang, Bonn
Stromverteilung auf der Kathode einer Glimmentladung in Spalten bei hohen Drucken und abseits stehender Anode
in Vorbereitung

HEFT 616
Prof. Dr. W. Weizel und W. Ohlendorf, Bonn
Die Glimmentladung in spaltartigen Entladungsräumen
in Vorbereitung

HEFT 617
Prof. Dipl.-Ing. W. Sturtzel und Dr.-Ing. W. Graff, Duisburg
Systematische Untersuchungen von Kleinschiffsformen auf flachem Wasser im unter- und überkritischen Geschwindigkeitsbereich
in Vorbereitung

HEFT 618
Prof. Dipl.-Ing. W. Sturtzel, Dr.-Ing. W. Graff, Duisburg
Untersuchungen der in stehendem und strömendem Wasser festgestellten Änderungen des Schiffswiderstandes durch Druckmessungen
in Vorbereitung

HEFT 619
Prof. Dr. med. O. Graf, Dr. med. Dr. phil. J. Rutenfranz, Dortmund
Zur Frage der Belastung von Jugendlichen
in Vorbereitung

HEFT 620
Dr. rer. nat. D. Horstmann, Düsseldorf
Der Einfluß von Aluminium im Eisen- und im Zinkbad auf den Zinkangriff
in Vorbereitung

HEFT 621
Techn.-Wissensch. Büro für die Bastfaser-Industrie, Bielefeld
Untersuchungen zur Verbesserung des Leinenwebstuhles V
in Vorbereitung

HEFT 622
Prof. Dr. W. Franz, Münster
Theorie der Elektronenbeweglichkeit in Halbleitern
in Vorbereitung

HEFT 623
Dr. phil. C. A. Roos, Aachen
Berufseignung und Berufseinsatz, II. Teil
in Vorbereitung

HEFT 624
Prof. Dr. G. Schmölders, Köln
Progression und Regression
in Vorbereitung

HEFT 625
Prof. Dr.-Ing. habil. W. Petersen und Dr.-Ing. S. Wawroscheck, Aachen
Brikettierungsversuche zur Erzeugung von Möllerbriketts für die Schwelverhüttung
in Vorbereitung

HEFT 626
Deutsches Krankenhaus-Institut e.V., Düsseldorf
Arbeitsabläufe auf Krankenstationen
in Vorbereitung

HEFT 627
Prof. Dr. phil. H. Wurmbach, Bonn
Steuerung von Wachstum und Formbildung
in Vorbereitung

HEFT 628
Prof. Dr.-Ing. E. Siebel, Düsseldorf
Die Ermittlung der Fließkurven von Schraubenwerkstoffen
in Vorbereitung

WESTDEUTSCHER VERLAG · KÖLN UND OPLADEN

MIX
Papier aus verantwortungsvollen Quellen
Paper from responsible sources
FSC® C105338

If you have any concerns about our products,
you can contact us on
ProductSafety@springernature.com

In case Publisher is established outside the EU,
the EU authorized representative is:
Springer Nature Customer Service Center GmbH
Europaplatz 3, 69115 Heidelberg, Germany

Printed by Libri Plureos GmbH
in Hamburg, Germany